迷人的
發酵甜點

兼子有希

瑞昇文化

前言

初次見面。我是「檸檬與駱駝」的兼子有希。
我使用發酵調味料製作純素料理以及發酵點心，
並從 2015 年開始作為發酵廚師持續進行工作。

我的曾祖父的名字是「芳右衛門（よしえもん）」。
聽說小時候的我因為發音不清楚而叫他「檸檬（レモンさん）」。
曾祖母的名字叫「RAKU（らく）」，綽號是「駱駝（ラクダさん）」。
我決定把店名叫做這個名字，
是因為聽起來就好像我最愛的這兩個人一直守護著我，
以我的故鄉靜岡縣藤枝市岡部為基地，
和夥伴們一起製作料理和點心。

「發酵點心」的意思不是指像麵包一樣經過發酵後做成點心，
而是使用發酵調味料，並有效利用其滋味的點心才叫做發酵點心。
用鹽麴取代鹽的話，就會隨著鹹味一起加深鮮味與甜味。
甘酒的自然甜味則不會像砂糖一樣殘留在嘴巴當中，而是一下子就融入食材。
我不是主張要把發酵調味料放在第一位，
而是以製作默默無名地、襯托其他材料的滋味的
這種恰如其分的點心為目標。

說出這種話可能會嚇到很多人，
我自己其實原本就不太喜歡吃甜點心。
不過持續追求並成功把「不愛吃」變成「喜歡吃」，
做出我覺得「美味」的味道──樸素、低調卻滋味豐富，就是我製作發酵點心的起點。

比起只吃一口就馬上覺得「好吃！」，
每咬下一口都深深地融入體內，
回過神來早就吃完了一袋……
我一直希望可以達到這種點心的狀態。

我的理想是完全不使用雞蛋或奶油等乳製品，
做出讓吃的人覺得「好好吃！」的純素點心。

CONTENTS

CHAPTER

1 餅乾類

檸檬餅乾
... 14

焙茶奶茶餅乾
... 16

印度奶茶餅乾
... 16

大黃果醬餅乾
... 17

無花果果醬餅乾
...17

茉香葉子餅
... 22

鹽味酥餅
... 24

起司脆餅
... 25

檸檬茴香餅乾
... 26

香蕉角豆餅乾
... 28

燕麥椰子餅乾
... 30

芝麻餅乾
... 30

伯爵茶 &
蔓越莓義式脆餅
... 32

無花果義式脆餅
... 33

檸檬義式脆餅
... 33

楓糖杏仁脆片
... 36

起司碎屑
... 38

橙皮味醂粕脆餅
... 38

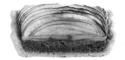

本書規則
• 本書使用瓦斯烤箱。如果使用電子烤箱，請將溫度比食譜調高 10℃ 左右。
• 烘烤時間依熱源和機種不同而有差異，
　因此食譜時間僅供參考，請觀察狀況進行調整。
• 「常溫」是指大約 20℃ 上下。
• 請使用電子磅秤進行測量。考慮到測量方便，液體材料也以公克標記。

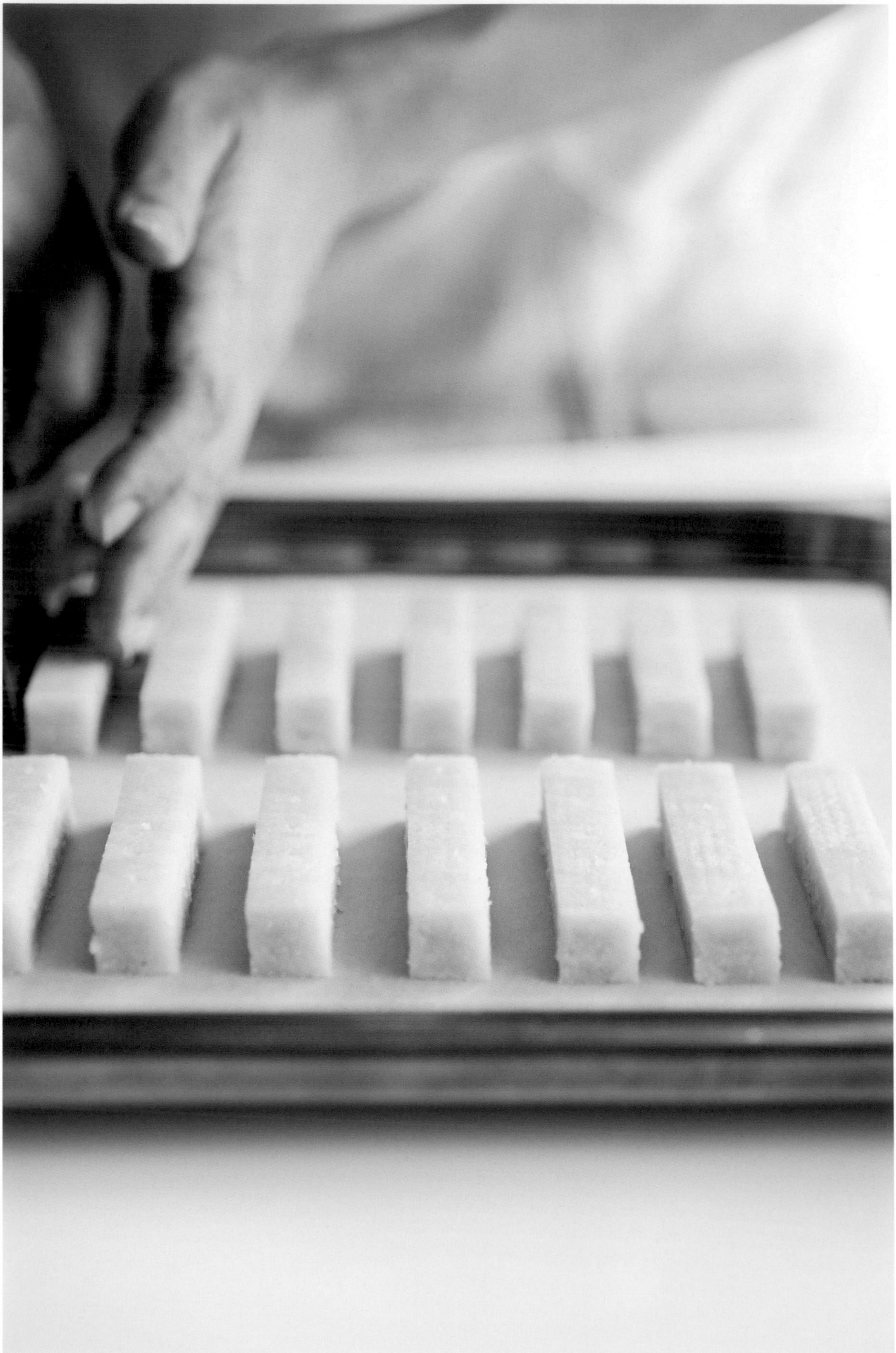

レモン と ラクダ （檸檬與駱駝） 的點心是什麼

1 用發酵調味料增添鮮味

我在點心中分別加入了用自製天然米麴做成的甘酒、鹽麴、醬油麴、味噌等日本人非常熟悉的發酵食品，增添甜味、鹹味與鮮味。出乎意料地迅速將複雜且有深度的滋味融入體內，吃過的人都說「不會造成腸胃的負擔」、「就算一直吃也吃不膩」。

2 以理想的口感為目標，仔細思考配方

本書中介紹的食譜，與一般的家庭點心製作書相比，粉類・油分・糖分的配方稍微更複雜一些。或許有些讀者會想「需要這麼多材料嗎？」，但這些是以我理想中的滋味與口感為目標費盡心思後完成的食譜，為了可以讓讀者們直接重現在「檸檬與駱駝」販售的味道而記錄下來。書中也有很多無麩質的點心，我想或許會讓讀者們發現「原來純素也能做出這樣的滋味」，請試著做一次吧。

3 堅持挑選自己喜歡的材料

「檸檬與駱駝」的點心原料只有植物性食品。並且盡可能選擇有機產品、值得信任的生產者親自生產的產品、以及靜岡當地栽種的產品。本書中介紹了我平常愛用的材料作為參考，但就算不是完全相同的產品，請選擇自己方便購買的產品並試做看看。不過請注意不同材料的口感和成品會產生差異。

4 點心的造型美麗、精緻

我覺得點心外觀的美麗與否，會影響到美味程度。用尺讓餅乾類的高度維持一致、把切口切得乾淨整齊。考慮到放入口中時覺得舒適的尺寸大小、配合口感的厚度等，再決定形狀。這其中可能也有讀者會認為「好像有點麻煩？」的步驟，但我希望讀者們能把它當作「檸檬與駱駝」點心的魅力之一來享受製作。

關於材料

介紹本書中點心所使用的主要材料。
都是我在「檸檬與駱駝」使用的材料，或我喜歡的味道和口感。
供讀者當作材料選擇的參考。

a 低筋麵粉

我認為「要做點心的話就要用當地生產的麵粉」，從「檸檬與駱駝」創立時期就持續使用「パンの材料屋 maman（麵包的材料店 maman）」的「靜岡縣產低筋麵粉」。容易操作，能自然地融入所有點心中，是一款表現均衡的麵粉。

b 高筋麵粉

想讓點心產生像麵包一樣的彈性，或是增加厚重的口感時會加高筋麵粉。「ナチュラルキッチン（自然廚房）」的「有機・南之香（ミナミノカオリ）100% 麵粉」完全不使用農藥和化學肥料，以天然栽培而成的小麥作為原料。

c 高筋全麥麵粉

想讓點心呈現質樸、脆硬的口感時會加全麥麵粉。我使用高筋麵粉的種類。「MARUSAN 商事」的「DC 全麥麵粉」香氣充足，麵粉顆粒也是剛好的粗細，所以當作點心的點綴剛剛好。

d 米穀粉

無麩質的點心中不可或缺的材料。請選擇顆粒細緻的「點心製作用」米穀粉。依配方不同，可以吃到酥脆、入口即化等各種不同的口感。我使用「パンの材料屋 maman（麵包的材料店 maman）」販賣的「靜岡縣產米穀粉」。

e 糙米穀粉（極細粉、未經烘烤）

使用直接將糙米壓碎後製成的糙米穀粉。又稱「玄米粉」。糙米穀粉中也有「已烘烤」的種類，因為成品會不同，所以請選擇「未經烘烤」的產品。並請選擇吸水率佳、顆粒細緻的產品。想增添 Q 彈的口感和特殊的鮮味時使用。我使用「里山ごちそう本舖（里山美食本舖）」的越光糙米穀粉。

f 杏仁粉

在無麩質的點心中只加米穀粉的話會很乾燥，就用含有適量油脂的杏仁粉來調整。「MARUSAN 商事」的「杏仁粉」雖然很香濃，但也可以直接融入其他的材料中，所以我很常使用。

g 太白粉

在米穀粉中加入杏仁粉和片栗粉的話，就算無麩質也會很接近麵粉的口感。想讓蛋糕增加彈性、餅乾增加酥軟的口感時會加片栗粉。我推薦「カドヤ（KADOYA）」的「顆粒狀片栗粉」。

h 甜菜糖（粉末狀）

對我來說蔗糖的甜味太重，所以我更愛用甜菜糖。也有大顆粒的甜菜糖，但風味與顏色會產生變化，所以必須要使用「粉末狀」甜菜糖。容易溶解且顏色淡、後韻輕柔、有柔和的甜味，所以我很喜歡。

i 楓糖漿

製作不含糖的點心，或是想讓點心產生光澤時會利用楓糖漿。「NOKOMIS 有機楓糖漿」在濃醇的甜味之中尾韻也不會太膩，是容易取得平衡的滋味。

j 菜籽油

想要嘎吱、脆硬口感的時候我會使用菜籽油。米澤製油的「日本國產 100% 油菜籽油」，比較少有菜籽油獨特的濃烈香氣，也很容易和其他的材料混合使用，所以我很喜歡。

k 椰子油（無香味）

我使用無香味的種類。用於想要酥脆或者濕潤的口感的點心當中。依口感不同區分使用固體和液體（參照作法如右）。使用「ココウェル（cocowell）」的「有機特級椰子油」。

〔變成固體的方法〕將液體狀的椰子油倒入附夾鏈的保鮮袋中，維持平鋪的狀態後，放在冰箱中冷藏。凝固之後，剪開袋子的邊緣，再切割使用。

〔變成液體的方法〕當油凝固時，連同袋子（容器）一起泡在 40℃ 左右的熱水中加熱融化。

l 豆漿（無調整）

在本書中想讓點心帶有牛奶般的風味時，會使用豆漿取代牛奶、使用椰奶取代鮮奶油。「marusan」的「有機無調整豆漿」沒有豆腥味，滋味很清爽的。

m 天然鹽

靜岡的「平釜荒鹽（あらしお）」的鹽，是用平釜慢煮並精心製作而成、觸感輕柔的鹽。順口的鹽味，總覺得可以聞到海岸的香氣。不只用來做點心，也會在製作鹽麴和味噌時利用。

n 泡打粉

我長年愛用「朗佛德（RUMFORD）」的泡打粉。採自天然礦物的成分，以非基因改造的玉米製作而成，也不使用鋁。對身體的負擔很小令人安心。

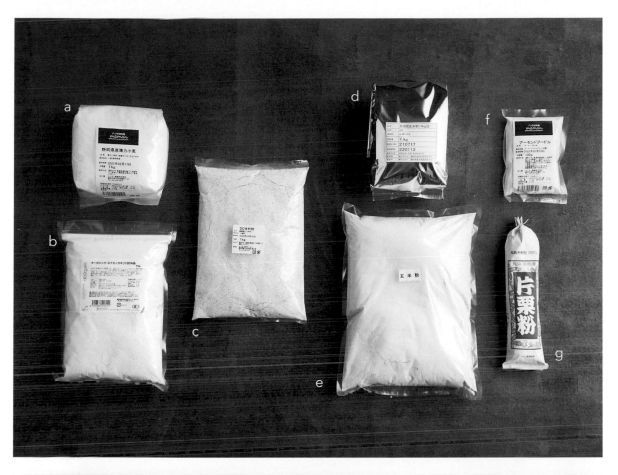

關於
發酵調味料

讓「檸檬與駱駝」的點心滋味增添特色的就是發酵調味料。
我會製作米麴，除了酒粕和味酥粕以外我都會自己做，不過使用市售商品也OK。用市售商品的話請選擇沒有多餘添加物的產品。

塩麹

鹽麴

鹽麴完全轉變成了調味料，是一種在米麴中加入鹽和水攪拌後發酵而成的調味料。隨著發酵進行，鹽味會降低、變成溫和的滋味。因為減鹽並將鹽份設定為11%，所以保存時間較短。

市售品的話……

請選擇只用米麴和鹽做成的產品。「海之精」的「日本國產有機鹽麴」是一款使用了傳統製法製造的海鹽「海之精」的鹽麴。沒有添加酒等成分，所以不會過度濃厚，滋味很清爽。

材料（容易製作的份量）
生麴…200g
鹽…50g
水（讓水沸騰一次後降到常溫的水）…200g
⇒用乾燥米麴製作時，水要用300g。

作法
1 在乾淨的保存容器中加入生米麴、鹽，用乾淨的湯匙攪拌均勻。
2 加入水（a），繼續攪拌均勻（b）。蓋上蓋子，放在常溫下。每天用乾淨的湯匙攪拌1次，待其熟成。夏天約1個星期、冬天10天~2個星期左右完成。感覺得到淡淡的甜味為參考基準。完成之後，用攪拌機打碎所有鹽麴，打成滑順的泥狀。
⇒放在冷藏可以保存約3個月，冷凍約6個月。

● 生米麴

製作無添加且安心‧安全的麴種的靜岡「鈴木麴店」的「米麴」。滋味中性且清爽，可以製作方便用於做點心用的鹽麴和甘酒。

しょうゆ麹

醬油麴

在米麴中添加醬油發酵而成的調味料。不只可以讓點心增添鹹味，也能增添鮮味和濃香。也可以運用在烤肉或烤魚時的調味、做成和風醬汁等。光放在白飯或涼拌豆腐上就很美味。我用靜岡的「榮醬油釀造」的醬油製作。

材料（容易製作的份量）
生米麴…200g
醬油…200g
＊用乾燥米麴製作時，稍微增加醬油的量，淹過米麴浸泡。

作法
1 在乾淨的保存容器中加入生米麴、倒入醬油（a），用乾淨的湯匙攪拌均勻（b）。
2 蓋上蓋子，放在常溫下。每天用乾淨的湯匙攪拌1次，待其熟成。夏天約1個星期，冬天10天~2個星期左右（顆粒碎掉之後）完成。
⇒放在冷藏中保存，在半年以內用完。

＊食譜中介紹的發酵調味料，用於平時的料理中也很美味，請多加運用。

甘酒

我使用的甘酒，是將米麴拌入蒸熟的米中製作而成，並不是使用了酒粕含酒精的產品。自己做的甘酒甜度清爽容易和其他的材料融合，能做成有深度的滋味的點心。也可以把甘酒當作砂糖的替代品，廣泛運用於料理當中。為香氣與口感作點綴。

市售品的話……

我推薦「マルクラ食品（圓倉食品）」的「日本國產白米甘酒」。使用其他的市售商品時，請不要選可以直接喝的產品，而是選擇用水或豆漿稀釋後飲用的濃縮種類。

材料（容易製作的份量）
米…150g
水…360g
生米麴…200g
熱水（沸騰過後降溫到 60℃ 左右的水）…100g
⇒用乾燥米麴製作時，熱水的量是 200g。

作法

1 在電鍋的內鍋中加入米和食譜份量中的水，用一般模式煮飯。

2 讓煮軟的白飯溫度下降到接近 60℃ 為止（a）。加入米麴、熱水，用飯勺攪拌均勻（b）。

3 在內鍋上方蓋濕布（c），保持 50 -55℃，保溫 10 個小時左右（不蓋蓋子）。中間用飯勺攪拌 2~3 次，並替換濕布。完成之後，用攪拌機打碎所有米飯，打成滑順的泥狀。
⇒倒入乾淨的保存容器中，放冷藏可以保存約 7 天，放冷凍約 3 個月。

a

b

c

11

味噌

我會自己動手做味噌，如果要買市售商品，我推薦「石黑種麴店」的「藏出味噌（藏出し味噌）＜生＞」。因為加了大量米麴，鮮味變得更明顯，吃得出有深度的味道。

※ 譯註：「藏出し味噌」是指直接從商家的味噌發酵桶取出販售的味噌。

酒粕

酒粕容易讓點心產生像起司一般的風味。我使用香氣充足且滋味溫和的「福光屋」的泥狀酒粕。容易拌入麵團中很方便。

味醂粕

味醂粕是指製作味醂時產生，像酒粕一樣的副產品。「白扇酒造」的「福來純味醂粕落梅（こぼれ梅）」，它的特徵是甜味溫和與濃醇，和點心也很相配。

※ 譯註：「落梅（こぼれ梅）」是日本自古流傳的酒粕的別名。據說是因為酒粕看起來很像盛開後凋零的梅花。

CHAPTER

1

餅乾類

提到「檸檬與駱駝」的點心，

應該也有很多人會想到餅乾吧？

我想讓讀者們品嘗餅乾因使用的油的種類和油的狀態不同而產生口感變化。

用冷卻的固體椰子油，口感酥脆、入口即化。

用常溫的椰子油，口感黏稠、濕潤。用菜籽油，口感脆硬。

接著在麵團中添加香料與香草、堅果與水果乾等，請享用豐富的滋味變化。

檸檬餅乾

塩麴

大量使用了自家栽種的檸檬果汁，是「檸檬與駱駝」大受歡迎的餅乾。
在麵團中添加蘋果果汁的甜味，使用以研磨機打碎的甜菜糖粉，
做成細膩的甜味與口感。在糖霜的上面放了玫瑰花瓣和罌粟籽，凸顯香氣與口感。

材料　（直徑 6cm 的甜甜圈造型餅乾 18 片份）

A｜低筋麵粉…125g
　｜甜菜糖粉（作法如下）…20g　｝⇒加在一起過篩

B｜椰子油（液體／參照 p.8）…60g
　｜鹽麴…3g
　｜蘋果汁（100% 果汁）…9g
　｜龍舌蘭糖漿…1g

［糖霜］
甜菜糖粉（作法如下）…85g
檸檬汁…21g

［裝飾］
玫瑰花瓣（製作點心用／乾燥）、罌粟籽…皆適量

事前準備
• 將烤箱預熱到 170℃。

作法
1 將 B 加入調理盆，用打蛋器輕輕攪拌。
2 將 A 一次性加入步驟 1 中，用橡膠刮刀充分攪拌至粉類與液體合而為一，用手捏成團。
3 在烘焙紙上放步驟 2。蓋上保鮮膜，使用擀麵棍與 3mm 厚的尺，盡量擀成正方形。繼續蓋著保鮮膜並連同烘焙紙一起放在烤盤上，放在冰箱冷藏 2 分鐘左右。
4 從冰箱中取出步驟 3，使用甜甜圈造型的模具壓模。如果麵團不小心裂開的話，放 1~2 分鐘後再壓模。
5 在鋪了烤箱墊（洞洞烤墊）的烤盤上擺放步驟 4，用 170℃ 的烤箱烤 14 分鐘。從烤箱中取出，直接放在烤盤上冷卻。
6 將糖霜的材料加入調理盆中，用湯匙攪拌均勻。蓋上保鮮膜放 5 分鐘左右後，再次攪拌均勻。
7 用指尖將步驟 6 的糖霜塗抹在步驟 5 上，放上裝飾。
8 直接放著晾乾，直到糖霜凝固為止。

　甜菜糖粉的作法
　　將甜菜糖（粉末狀）放入研磨機中（a），攪拌 30 秒左右，打成細膩的糖粉。

蘋果汁
秋出「五十嵐果樹園」的蘋果果汁是 100% 鮮榨果汁。使用低農藥、不使用化學肥料的秋田產陽光富士，在點綴隱約的甜味時使用。

龍舌蘭糖漿
「MAYAGOLD」的「有機龍舌蘭糖漿」。只用一點點量也可以感受到紮實的甜味，經常利用龍舌蘭糖漿在濃郁的甜味和麵團中增加一些黏稠的口感。

a

印度奶茶餅乾
焙茶奶茶餅乾

塩麴

16

作法→ p.18 / p.19

果醬餅乾
大黃
無花果

作法→ p.20

焙茶
奶茶餅乾

將靜岡當地的「かわばた園（kawabata 園）」的焙茶大量揉入餅乾麵團中，再放上伯爵茶糖霜，是茶 × 茶的餅乾。

雖然可能覺得很意外，但不同的茶種卻相互襯托濃醇與濃烈香氣，做成充滿魅力的點心。

材料（直徑 5cm 的花朵造型餅乾 27 片份）

A｜低筋麵粉…125g
　｜甜菜糖粉（參照 p.15）…20g　　⇒加在一起過篩
　｜焙茶茶葉（粉末）…3g

B｜椰子油（液體／參照 p.8）…60g
　｜鹽麴…3g
　｜蘋果汁（100%果汁／參照 p.15）…9g
　｜龍舌蘭糖漿（參照 p.15）…1g

［糖霜］

甜菜糖粉（參照 p.15）…75g

豆漿奶茶（材料、作法如下）…18g

事前準備

• 將烤箱預熱到 150℃。

作法

1 將 B 加入調理盆，用打蛋器輕輕攪拌。

2 將 A 一次性加入步驟 1 中，用橡膠刮刀充分攪拌至粉類與液體合而為一，用手捏成團。

3 在烘焙紙上放步驟 2。蓋上保鮮膜，使用擀麵棍與 3mm 厚的尺，盡量擀成正方形。繼續蓋著保鮮膜並連同烘焙紙一起放在烤盤上，放在冰箱冷藏 2 分鐘左右。

4 從冰箱中取出步驟 3，用花朵造型的模具壓模。

5 在鋪了烘焙紙的烤盤上擺放步驟 4，用 150℃ 的烤箱烤 20 分鐘。從烤箱中取出，直接放在烤盤上冷卻。

6 將糖霜的材料倒入調理盆中，用湯匙攪拌均勻。蓋上保鮮膜放 5 分鐘左右後，再次攪拌均勻。

7 待步驟 5 散熱之後，用刷子塗抹步驟 6 的糖霜，直接晾乾到凝固為止。

豆漿奶茶的作法（容易製作的份量）

在小鍋中加入水 50g 並開中火，沸騰之後加入伯爵茶茶葉 3g 並關火，蓋上蓋子放置 1 分鐘。倒入豆漿 60g 再次開中火，在快要沸騰之前關火，蓋上蓋子放置 2 分鐘。用濾茶網過濾並放涼至常溫。

焙茶

靜岡生產的「かわばた園（kawabata 園）」的焙茶，將不使用農藥及化學肥料栽培而成的藪北茶，花費時間烘焙、研磨而成。其特徵為豐富的香氣與清爽的滋味。

印度奶茶餅乾

這是一款加入各式各樣的香料類，尤其嘗得到黑胡椒味，
在小卻後勁十足的麵團上，
淋上了印度奶茶風味的糖霜的餅乾。
吃了 1 個就會想「再吃 1 個……」，忍不住伸出手、令人上癮的滋味，
也很受到客人的歡迎。

材料（2.5×3.5cm 的橢圓造型餅乾 12 片份）

A｜低筋麵粉…80g
　｜甜菜糖（粉末狀）…20g
　｜伯爵茶茶葉（用研磨機打成粉末。　　　⇒加在一起過篩
　｜　或者用茶包的茶葉也可以）…4g
　｜印度混合香料茶（材料、作法如下）…2g

B｜鹽麴…5g
　｜菜籽油…15g

豆漿…20g

［糖霜］
甜菜糖粉（參照 p.15）…50g
印度混合香料茶（材料、作法如下）…1g
豆漿奶茶（參照 p.18）…9g

事前準備

• 將烤箱預熱到 170℃。

作法

1 將 B 加入調理盆，用打蛋器輕輕攪拌。
2 將 A 一次性加入步驟 1 中，用橡膠刮刀充分攪拌至粉類與
　液體合而為一，用手捏成團。加入豆漿，再次攪拌並用手捏
　成團。
3 在烘焙紙上放步驟 2。蓋上保鮮膜，使用擀麵棍與 1cm 厚
　的尺擀平。用橄欖造型的模具壓模。
4 在鋪了烘焙紙的烤盤上擺放步驟 3，用 170℃的烤箱烤 24
　分鐘。從烤箱中取出，直接放在烤盤上冷卻。
5 將糖霜的材料倒入調理盆中，用湯匙攪拌均勻。蓋上保鮮膜
　放 5 分鐘左右後，再次攪拌均勻。
6 待步驟 4 散熱之後，將步驟 5 的糖霜倒入擠花袋中，在餅
　乾表面擠上閃電狀糖霜（a），直接晾乾到凝固為止。

印度混合香料茶的作法（容易製作的份量）
在研磨機中加入薑粉 5g、黑胡椒 3g、肉桂粉 2g、荳蔻粉 2g 攪拌，打成粉末。

伯爵茶茶葉
我愛用的是全世界超過
80 幾個國家飲用的英國
「Ahmad Tea」的伯爵
茶。價格相較之下也比較
實惠，雜味很少所以我很
喜歡。

a

如果沒有擠花袋，也可以
用剪刀剪掉附夾鏈的保鮮
袋的前端使用。

果醬餅乾

在酥脆、黏稠的餅乾中央放上果醬並烘烤完成，
有點懷舊感的點心。
餅乾麵團偏甜，所以配上有酸味的果醬就可以取得平衡。
請放上自己喜歡的果醬享用吧！

材料（直徑 4cm 的餅乾 24 個份）
＊使用直徑 4cm 的甜甜圈造型和圓形模具

A | 低筋麵粉…125g
　| 甜菜糖粉（參照 p.15）…20g　⇒加在一起過篩
B | 椰子油（液體／參照 p.8）…60g
　| 鹽麴…3g
豆漿…10g
大黃果醬（參照 p.21）…75g
　或是無花果醬（參照 p.21）…50g
⇒依果醬的水分含量進行增減。

事前準備
• 將烤箱預熱到 160℃。

作法
1　將 B 加入調理盆，用打蛋器輕輕攪拌。
2　將 A 一次性加入步驟 1 中，用橡膠刮刀充分攪拌至粉類與
　　液體合而為一。加入豆漿，再次攪拌，用手捏成團。
3　將步驟 2 分成一半。把其中一塊放在烘焙紙上，蓋上保鮮
　　膜，使用擀麵棍與 3mm 厚的尺擀平。另一塊使用 2mm 厚
　　的尺擀平。這時候，注意盡量擀成正方形。擀好的麵團繼續
　　蓋著保鮮膜並連同烘焙紙一起放在琺瑯盤或者烤盤上，放在
　　冰箱冷藏約 2 分鐘。
4　從冰箱中取出步驟 3，3mm 厚的麵團用甜甜圈造型的模具、
　　2mm 厚的麵團用圓形的模具分別壓出 24 片餅乾。如果麵團
　　不小心裂開的話，放 1~2 分鐘後再壓模。擺放在調理盤上，
　　再一次放在冰箱中冷藏約 10 分鐘。
5　從冰箱中取出步驟 4，在每個甜甜圈造型的麵團的其中一面
　　塗上豆漿（份量外）（a），重疊圓形麵團（b）。
6　在鋪了烤箱墊（洞洞烤墊）的烤盤上擺放步驟 5，用湯匙將
　　果醬放在凹陷的部分（c），用 160℃ 的烤箱烤 15 分鐘。
7　從烤箱中取出，直接放在烤盤上冷卻。

a

b

c

大黃果醬

材料（容易製作的份量）

大黃…300g

甜菜糖（粉末狀）…100g

檸檬汁…15g

作法

1 將大黃切成 1cm 寬，放入琺瑯鍋或不鏽鋼鍋中。加入甜菜糖後用木鏟大略攪拌，放置 30 分鐘左右直到冒出水分為止。

2 將步驟 1 開中火。沸騰之後轉小火，熬煮到濃稠為止。加入檸檬汁，再煮 5 分鐘左右，關火。

⇒倒入煮沸消毒過的保存罐中，放在冷藏（未開封）可以保存約 2 個月。

我每年從福島的「島田農園」訂購從根部到菓子的葉柄都是鮮紅色的大黃，並做成果醬。帶有紮實酸味的大黃，就算用簡單的做法也能做出十分好吃的果醬。

無花果果醬

材料（容易製作的份量）

無花果…280g

甜菜糖（粉末狀）…70g

丁香（整顆）…2g

白葡萄酒…18g

檸檬汁…12g

甜味溫和的無花果，用丁香和白葡萄酒加上點綴，做成大人感的滋味。也是一款能吃到顆粒口感的果醬。

作法

1 將無花果削皮，垂直切成 4 等分，放入琺瑯鍋或不鏽鋼鍋中。加入甜菜糖、丁香後用木鏟大略攪拌，放置 30 分鐘左右直到冒出水分為止。

2 在步驟 1 中加入白葡萄酒，開中火。沸騰之後轉小火，熬煮至從底部撈起一些就會滴落的程度為止。加入檸檬汁，再煮 5 分鐘左右，關火。

⇒倒入煮沸消毒過的保存罐中，放在冷藏（未開封）可以保存約 2 個月。

在吃得到小麥、杏仁粉和鹽麴的鮮味的硬脆純素麵團中，輕輕飄著茉莉的香氣。
麵團本身不含糖，但只要在烤之前灑上甜菜糖粉就可以增加甜味。
和其他的餅乾相比，稍微多加一點鹽麴，以突出鮮味。

材料（5.5×7.5cm 的葉子造型餅乾 25 片份）

A ｜ 低筋麵粉…160g
　　杏仁粉 …40g

茉莉花茶茶葉（用研磨機打成粉）…2g

椰子油（固形／參照 p.8）…60g

B ｜ 茉香豆漿（材料、作法如下）…30g
　　鹽麴…15g
　　楓糖漿…40g

豆漿、甜菜糖粉（參照 p.15）…皆適量

事前準備

• 將烤箱預熱到 150℃。

作法

1 用刀將椰子油切成約 3mm 寬。

2 在食物調理機中加入 A 和步驟 1，攪拌直到看不見椰子油的結塊為止。

3 將 B 加入調理盆，用打蛋器攪拌至均勻為止。

4 將步驟 2 一次性加入步驟 3 中，盡量不要搓揉並用手翻拌、捏成團。

5 在烘焙紙上放步驟 4。蓋上保鮮膜，使用擀麵棍與 2mm 厚的尺，盡量擀成正方形。繼續蓋著保鮮膜並連同烘焙紙一起放在烤盤上，放在冰箱冷藏約 2 分鐘。

6 從冰箱中取出步驟 5，用葉子造型的模具壓模，擺放在鋪了烤箱墊（洞洞烤墊）的烤盤上。用刷子在表面塗上豆漿，將糖粉灑成稍微蓋住麵團的程度。

7 用 150℃的烤箱烤 20 分鐘。

8 從烤箱中取出，直接放在烤盤上冷卻。

茉香豆漿的作法（容易製作的份量）
在小鍋中加入水 30g 並開火。
沸騰之後加入茉莉花茶茶葉 5g，等茶葉張開後加入豆漿 100g 並轉小火，加熱 3 分鐘，關火。用濾茶器濾掉茶葉。

茉莉花茶茶葉
「九順銘茶」的「茉莉花茶」是台灣產的茉莉花茶。味道清爽且沒有茉莉花茶的獨特的濃烈味道，也是很適合用於點心中的滋味。

鹽味酥餅

想要做吃得到鹽味的餅乾
所以試著放了很多「馬爾頓鹽」，
做成突出了麵團鮮味的味道。
雖然很簡單，卻是一款有深度滋味的餅乾。
添加糙米穀粉，
所以產生了像酥餅一樣鬆軟、酥脆的口感。

材料（2.5×4.5cm 的波浪方形餅乾約 30 片份）

A | 低筋麵粉…100g
　 | 糙米穀粉（未經烘烤）*…40g　⇒ 加在一
　 | 甜菜糖（粉末狀）…20g　　　　 起過篩
B | 椰子油（液體／參照 p.8）…40g
　 | 鹽麴…15g
　 | 豆漿…10g

結晶鹽（馬爾頓鹽）…適量

＊買不到糙米穀粉時，也可以用米穀粉替代製作。

事前準備
• 將烤箱預熱到 170℃。

作法
1 將 B 加入調理盆，用打蛋器輕輕攪拌。
2 將 A 一次性加入步驟 1 中，用橡膠刮刀翻拌，用手捏成團。
3 在烘焙紙上放步驟 2。蓋上保鮮膜，使用擀麵棍與 5mm 厚
　 的尺擀平。用波浪方形的模具壓模，分別放上鹽結晶。
4 擺放在鋪了烘焙紙的烤盤上，用 170℃ 的烤箱烤 20 分鐘。
5 從烤箱中取出，直接放在烤盤上冷卻。

馬爾頓鹽
英國王室御用商的「馬爾
頓海鹽」。其特徵為温和
的鮮味、清爽的後韻與脆
脆的口感。方形結晶肉眼
也看得見。

材料（5×4cm 的三角形脆餅 50 片份）

A｜ 低筋麵粉…170g
　　 太白粉…10g　　⇒加在一起過篩
　　 甜菜糖
　　　（粉末狀）…15g

胡桃…15g

B｜ 酒粕…12g
　　 味噌…10g
　　 椰子油（液體／參照 p.8）…45g

取代起司
只要混合酒粕和味噌，恰到好處的濃郁與鹹味就會形成像起司一般的味道，是純素料理中的經典組合。特別是「福光屋」的酒粕，會產生像真的起司一般的濃香。

事前準備
• 將胡桃用 170℃的烤箱烘烤 8 分鐘左右（已經烘烤過的產品，就不需要做這個步驟）。散熱完成後，用刀切碎。
• 將烤箱預熱到 180℃。

作法
1 將 B 加入調理盆，用打蛋器攪拌均勻。
2 將 A 一次性加入步驟 1 中，盡量不要搓揉並用手指翻拌。加入水 38g（份量外），用橡膠刮刀快速攪拌。加入胡桃後大略攪拌，用手捏成團。
3 在烘焙紙上放步驟 2。蓋上保鮮膜，使用擀麵棍與 3mm 厚的尺，擀成 26×21cm 左右。
4 將四邊切平整，再將麵團切成寬 5× 長 4cm 的長方形。再斜切對半，切成三角形。
5 將步驟 4 連同烘焙紙一起擺在烤盤上，用 180℃的烤箱烤 13 分鐘。
6 從烤箱中取出，直接放在烤盤上冷卻。

起司脆餅

酒粕
みそ

雖然取名為起司脆餅，
但沒有放起司，而是起司風味的純素餅乾。
酥脆的口感很輕盈，茶點時間當然不用說，
也非常適合配葡萄酒。在男性當中也很受歡迎的點心。

檸檬茴香餅乾

把自家田裡種的新鮮茴香與清爽的檸檬皮一起揉進麵團中。
控制甜度、風味豐富的餅乾。
在餅乾烘烤之前茴香的綠與檸檬的黃很可愛，
不論做幾次都令人心動的一道食譜。

材料（3.5×5cm 的葉子造型餅乾 30 片份）

A | 低筋麵粉…130g
  | 米穀粉…20g ⇒加在一起過篩

B | 楓糖漿…30g
  | 鹽麴…8g
  | 菜籽油…45g
  | 豆漿…8g

檸檬皮（切碎狀／參照 p.35）…35g
茴香葉的部分…2g

事前準備

• 將烤箱預熱到 160℃。

作法

1 將 B 加入調理盆，用打蛋器充分攪拌至乳化為止。

2 將 A 一次性加入步驟 1 中，用橡膠刮刀翻拌。加入檸檬皮、
切碎的茴香後稍微攪拌，用手捏成團。

3 在烘焙紙上放步驟 2，蓋上保鮮膜，使用擀麵棍與 5mm 厚
的尺擀平，用葉子造型的模具壓模。

4 擺放在鋪好烘焙紙的烤盤上，用 160℃的烤箱烤 20 分鐘。

5 從烤箱中取出，直接放在烤盤上冷卻。

香蕉角豆餅乾

正好適合在沒有時間的日子當早餐，
就算只吃 1 片也很滿足、口感濕潤的餅乾。
為了有效利用香蕉與甘酒中清淡、溫和的甜味，
所以控制了砂糖的用量。
加入長角豆，做成了巧克力香蕉風的滋味。

甘酒

材料（直徑 6cm 的餅乾 11 片份）

A｜低筋麵粉…125g
　｜甜菜糖（粉末狀）…20g　⇒加在一起過篩
　｜泡打粉…2.5g
燕麥片（參照 p.31）…50g
香蕉…50g
角豆粒…17g
B｜菜籽油…40g
　｜甘酒…30g
豆漿…10g

事前準備
• 用 160℃的烤箱將燕麥片烘烤 10 分鐘左右。
• 將烤箱預熱到 170℃。

作法
1 將 B 加入調理盆，用打蛋器攪拌均勻。
2 將香蕉垂直切一半，再切成 8mm 寬。
3 將 A 一次性加入步驟 1 中，也加入燕麥片、步驟 2 與角豆
　粒，用橡膠刮刀翻拌。加入豆漿並攪拌，用手捏成團。
4 將步驟 3 測量成每顆 30g，用手滾成圓球狀。再用手壓扁並
　整形成直徑 6cm 的圓形。
5 擺放在鋪了烘焙紙的烤盤上，用 170℃的烤箱烤 24 分鐘。
6 從烤箱中取出，直接放在烤盤上冷卻。

角豆粒
（carob chips）
角豆粒作為巧克力的替代
品聞名，是將長角豆乾
燥後得到的產品。我推薦
「ALISHAN」的「有機角
豆粒」。

在享受得到脆硬口感的椰子絲中
與仍保有獨特嚼勁的燕麥片搭配而成。
帶有自然甜味的健康餅乾。

燕麥椰子餅乾

塩麹

芝麻餅乾

しょうゆ麹

使用鷹嘴豆水取代蛋白並做成像蛋白霜點
心一樣的餅乾。
有濃濃的雙重芝麻風味。

燕麥椰子餅乾

材料（直徑 6cm 的餅乾 19 片份）

A 燕麥片…50g
甜菜糖（粉末狀）…20g ⇒加在一起均勻過篩
高筋全麥麵粉…30g

椰子絲…20g

B 鹽麴…5g 菜籽油…30g
水…30g 楓糖漿…8g

事前準備

• 將烤箱預熱到 160℃。

作法

1 將 B 加入調理盆，用打蛋器充分攪拌至乳化為止。

2 將 A 一次性加入步驟 1 中，用橡膠刮刀翻拌，再加入椰子絲，用手捏成團。

3 將每個麵團測量成 10g，用手滾成圓球狀，空出間隔並擺放在鋪了烘焙紙的烤盤上。

4 準備 1 張切成 8×8cm 的烘焙紙，放在麵團上。將杯子底部靠在上面壓扁，整型成直徑約 6cm 的圓形。重複此步驟做出 19 片餅乾。

5 將步驟 4 的烤盤放入 160℃ 的烤箱，烤 15 分鐘。將溫度調低至 150℃，再烤 3 分鐘。

6 從烤箱中取出，直接放在烤盤上冷卻。

燕麥片

作為穀麥原料聞名的燕麥片，是烘乾燕麥後，加工成方便食用的產品。我愛用「パンの材料屋 maman」的燕麥片。

椰子絲

將椰子的果肉切成條狀，再烘乾的產品。和椰蓉相比更能吃得到強烈的風味，突顯脆硬的口感。

芝麻餅乾

材料（直徑 1.5cm 的餅乾約 70 顆份）

A 低筋麵粉…25g
甜菜糖（粉末狀）…15g ⇒加在一起過篩

B 煮鷹嘴豆的水（參照作法如右下）…25g 醬油麴…2g
椰子油（液體／參照 p.8）…10g 熟白芝麻泥…15g

熟黑芝麻…5g

事前準備

• 將烤箱預熱到 160℃。

作法

1 將 B 加入調理盆，用打蛋器充分攪拌至均勻為止。

2 將 A 一次性加入步驟 1 中，用橡膠刮刀翻拌。加入黑芝麻，繼續攪拌。

3 將步驟 2 裝入剪開直徑 3mm 的洞的擠花袋中，在鋪了烘焙紙的烤盤上擠出直徑 1cm 左右的圓球。

4 用 160℃ 的烤箱烤 15 分鐘。

5 從烤箱中取出，直接放在烤盤上冷卻。

熟白芝麻泥

「Natural House」的「有機白芝麻泥」容易購買，我很喜歡它濃郁的香氣。不只用來做點心，也請用在日常的料理當中。

煮鷹嘴豆的水

在純素料理中，會用鷹嘴豆水替代蛋白使用。用於想要做出輕盈、綿密的口感時。我利用市售的水煮鷹嘴豆的湯汁。

義式脆餅

蔓越莓 & 伯爵茶

香氣充足的伯爵茶茶葉的風味、蔓越莓的酸味，
與杏仁的口感融合為一的義式脆餅。
我做義式脆餅時的整型方法，會先將麵團擀平，
再放上配料折疊，這麼做可以讓裡面的配料均勻分佈，也很容易吃，
成品細長且大小剛好。

作法→ p.34

義式脆餅

無花果　義式脆餅中無花果乾的顆粒口感與堅果類的濃郁香氣很吸引人。重點是用擀麵棍將無花果擀平之後，再放入麵團中。

檸檬　我從「檸檬薑茶」這款飲料中想到薑與檸檬的搭配。圓圓的榛果負責口感。我每年都會自己做薑片。

塩　三月

作法→ p.35

材料（1×8cm 的義式脆餅約 26 條份）

A│ 低筋麵粉…125g
　│ 杏仁粉 …25g　　⟩⇒加在一起過篩
　│ 甜菜糖（粉末狀）…35g
　│ 泡打粉…1g

B│ 椰子油（液體／參照 p.8）…15g
　│ 鹽麴…5g
　│ 豆漿（用微波爐加熱 30 秒，
　│ 　提高至人體的溫度）…60g

伯爵茶茶葉（參照 p.19）…5g
蔓越莓乾、杏仁（整顆）…各 25g

事前準備
• 將烤箱預熱到 170℃。

作法
1 將 B 加入調理盆，用打蛋器充分攪拌至均勻為止。

2 將 A 一次性加入步驟 1 中，加入伯爵茶茶葉。用橡膠刮刀攪拌到沒有殘粉為止，整理成團（**a**）。

3 在烘焙紙上放步驟 2，蓋上保鮮膜，使用擀麵棍與 3mm 厚的尺，擀成長 22× 寬 24cm（用刮板切掉邊緣多餘的部分，並放到上面一起擀）（**b,c**）。

4 將麵團視作 3 等分，在中央約 7cm 寬的部分，將蔓越莓乾交錯擺放成格子圖案（**d**）。

5 將右邊的 1/3 部分連同烘焙紙一起折到中央的 1/3 部分上（**e**），用手指輕輕把麵團和蔓越莓乾壓在一起（**f**）。將杏仁由上往下放在凹陷的部分，用手指壓緊（**g**）。把左邊的 1/3 部分折向中央（**h**）。

6 在麵團的左右兩邊各放 1 把 1cm 厚的尺並讓左右寬為 8cm（**i**），蓋上保鮮膜，使用擀麵棍擀成長度 28cm（**j**）。

7 連同烘焙紙一起將步驟 6 放在烤盤上，放入 170℃的烤箱，烤 30 分鐘。

8 從烤箱中取出，散熱之後用刀切成 1cm 寬，將斷面朝上擺在烤盤上。再次放回烤箱，用 170℃烤 8 分鐘。將餅乾斷面上下翻面，再烤 7 分鐘。

9 從烤箱中取出，直接放在烤盤上冷卻。

義式脆餅
蔓越莓 & 伯爵茶

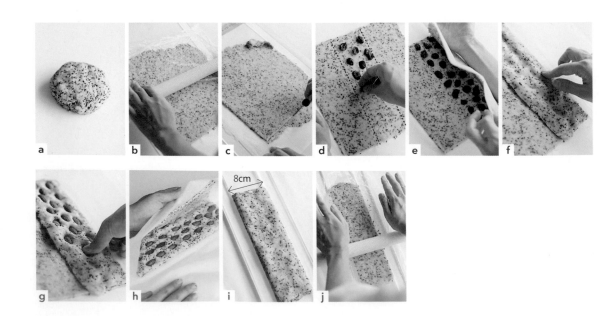

無花果乾
「ナチュラルキッチン（自
然廚房）」的「有機・白
無花果乾」控水的程度剛
好，在有機食品中也是較
實惠的價格，令人開心。

檸檬皮
「ナチュラルキッチン（自
然廚房）」的「有機・檸
檬皮」風味清爽，我也很
喜歡它不會太甜這一點。

義式脆餅
無花果／檸檬

材料（1×8cm 的義式脆餅約 26 條份）

A ｜ 低筋麵粉…120g
｜ 杏仁粉…25g ⇒加在一起過篩
｜ 甜菜糖（粉末狀）…25g
｜ 泡打粉…2g

B ｜ 椰子油（液體/參照 p.8）…15g
｜ 鹽麴…7g
｜ 豆漿（用微波爐加熱 30 秒，
｜ 提高至人體的溫度）…60g

［無花果］
無花果乾
（用擀麵棍捶成約 5mm 厚）…4 顆
腰果…10g
南瓜籽…7g

［檸檬］
檸檬皮（切碎狀）…25g
薑片（材料、作法如下）…15g
榛果（切成一半）…25g

事前準備
• 將烤箱預熱到 170℃。

作法
［無花果］

1 用 p.34 的作法 1 → 2 → 3 的相同方式將麵團擀平（但不加茶葉）。

2 把麵團視為垂直的 3 等分，在中央約 7cm 寬的部分，擺放無花果乾。

3 將右邊的 1/3 部分連同烘焙紙一起往中央折疊，用手指輕輕把麵團和無花果壓在一起。在凹陷處的左右邊放南瓜籽和腰果，用手指輕壓。將左邊的 1/3 部分往中央折疊。

4 用 p.34 的步驟 6 → 7 → 8 → 9 的相同方式擀平麵團後烘烤、置涼。

［檸檬］

1 用 p.34 的作法 1 → 2 → 3 的相同方式將麵團擀平（但不加茶葉）。

2 把麵團視為垂直的 3 等分，在中央約 7cm 寬的部分，擺放檸檬皮和薑片。

3 將右邊的 1/3 部分連同烘焙紙一起往中央折疊，用手指輕輕將麵團和切片類壓在一起。在中央放榛果，用手指輕壓。將左邊的 1/3 部分往中央折疊。

4 用 p.34 的步驟 6 → 7 → 8 → 9 的相同方式擀平麵團後烘烤、置涼。

薑片的作法（容易製作的份量）
將削了皮的嫩薑 100g 切成 7mm 寬的細絲，
用煮沸的熱水汆燙 3~5 分鐘左右後用篩網撈起，泡在水中 15 分鐘左右。
在小鍋中加入嫩薑、甜菜糖（粉末狀）100g、水 300g，
用小火煮到沒有水分為止。擺在烤盤上，用 100℃ 烤箱烤 1 小時 15 分鐘左右，
烘乾水份。用保鮮膜連同乾燥劑一起包起，放入保鮮袋中，可以放冷藏保存約
半年。

塩麴

楓糖
杏仁脆片

「這個點心真的沒有使用奶油嗎？」
最令人吃驚的是這一款杏仁脆片。
切碎冷卻凝固的椰子油使用，就可以做成硬脆的獨特口感。
楓糖漿的豐富香氣，以及杏仁的濃郁香氣。
鹽麴的鹽味襯托出鮮味。

材料（4×4cm 的杏仁脆片 20 個份）

[下方麵團]

A | 低筋麵粉…80g
　　甜菜糖（粉末狀）…20g
　　杏仁粉…20g
　　鹽…少許
　　椰子油（固形／參照 p.8）
　　　…30g

豆漿…30g

[上方麵團]

杏仁片…60g
豆漿…20g
菜籽油…4g
楓糖漿…20g
甜菜糖（粉末狀）…13g
鹽麴…7g

事前準備

• 將烤箱預熱到 170℃。

作法

1 用刀將椰子油切成約 3mm 寬（a）。

2 將 A 放入食物調理機中，攪拌到看不見椰子油的顆粒為止（b）。

3 將步驟 2 加入調理盆，一次性加入豆漿並用調理筷攪拌（c），不要搓揉並整理成團（d）。

4 在烘焙紙上放步驟 3。蓋上保鮮膜，使用擀麵棍與 3mm 厚的尺，擀成約 22×21cm 的薄片狀（四邊會切掉，所以不太整齊也 OK）（e）。

5 將步驟 4 連同烘焙紙一起放在烤盤上（f），用 170℃的烤箱烤 12 分鐘。

6 在小鍋中加入杏仁片以外的上方麵團的材料，開中火。待整體冒泡之後就加入杏仁片，加熱 3 分鐘左右，水分蒸發後變成黏度增加的狀態後就關火（g）。

7 趁步驟 5 還熱的時候用湯匙在表面放步驟 6，一邊均勻抹開一邊撥開杏仁片不要重疊太多片（h,i）。

8 再次放回烤箱中，用 170℃的烤箱烤 15 分鐘。

9 從烤箱中取出，趁熱在麵團上方放烘焙紙，再往上放烤盤，或者放砧板等重物（j），讓表面維持平整並冷卻 5 分鐘左右。

10 趁還溫熱時，用刀切成每個大小 4×4cm（K,l）。

起司碎屑

橙皮味酥粕脆餅

作法→ p.39 / p.40

這是我「想簡單做點輕食」而想出的點心。
在楓糖漿的香甜外皮後面
展現鹹味、香草和起司的風味，
是很有深度的滋味。

材料（完成量約 180g）
燕麥片（參照 p.31）…40g
杏仁…20g
核桃…20g
低筋麵粉…60g
Ａ｜酒粕…8g
　｜味噌…6g
　｜菜籽油…36g
　｜豆漿…18g
迷迭香…5cm
楓糖漿…4g
結晶鹽（馬爾頓鹽／參照 p.24）…2g

事前準備
• 將燕麥片、杏仁、核桃用 170℃的烤箱烘烤 10 分鐘左右。
　（已經烘烤過的堅果，就不需要做這個步驟）。
• 將烤箱預熱到 160℃。

作法
1 將迷迭香的葉子從枝條上剝下、切碎。
2 在調理盆中加入 Ａ，用打蛋器充分攪拌至均勻為止。
　加入過篩好的低筋麵粉、迷迭香，用手攪拌。到沒有殘粉之
　後，加入烘烤過的燕麥片和堅果，繼續攪拌。加入楓糖漿，
　從底部將一大塊麵團往上提起 2 次，同時將麵團打散。
3 在鋪好烘焙紙的烤盤上將步驟 2 做成 2cm 左右的團塊並分
　散攤開，用 160℃的烤箱烤 10 分鐘。從烤箱中取出，將麵
　團上下翻面後放回烤箱，再烤 8 分鐘。
4 從烤箱中取出，直接放在烤盤上冷卻。加上鹽結晶，粗略地
　攪拌。

橙
皮
味
酥
粕
脆
餅

サリ〜粗

みそ

在製作味酥時產生的味酥粕，
是一種濃郁地好像吃到起司一般風味的材料。
和橙皮組合在一起，做成了薄烤的脆餅。

材料（3.5×6cm 的脆餅約 22 片份）

A | 低筋麵粉…100g
　 | 味酥粕…25g
　 | 味噌…25g
　 | 杏仁粉 …30g
　 | 粗磨黑胡椒…1g
B | 菜籽油…25g
　 | 水…15g
橙皮（切碎狀）…35g

事前準備
• 將烤箱預熱到 160℃。

作法
1 將 A 加入食物調理機中，攪拌。
2 在調理盆中加入步驟 1、B，用指尖將味噌和味酥粕混合，
　 攪拌到整體呈現相同的淺咖啡色且變成顆粒狀為止。加入橙
　 皮，繼續攪拌。
3 在烘焙紙上放步驟 2，蓋上保鮮膜，使用擀麵棍與 3mm 厚
　 的尺擀平，用刀切成寬 3.5cm、長 6cm。
4 用刮板將步驟 3 撈起並擺放在鋪好烘焙紙的烤盤上，用
　 160℃ 的烤箱烤 8 分鐘。將溫度調低至 150℃，再烤 13 分鐘。
5 從烤箱中取出，直接放在烤盤上冷卻。

橙皮
我喜歡「ナチュラルキッチ
ン（自然廚房）」的「有
機 ・ 橙皮」減少砂糖且不
會太甜這一點。

Column 1　手工製作米麴

　　「檸檬與駱駝」使用的甘酒、醬油麴、味噌都是我各別手工製作的。而且其原料米麴也是自己製作。

　　起因是我母親問了一句「要不要自己做米麴看看？」。媽媽說暱稱叫「えっちゃん（小越）」的祖母在製作味噌的時候，會自己在家從米麴開始製作。「有一天我也想和小越一樣」，我一直以來很尊敬、喜愛的祖母也是自己做的話，那我不做就不行了。

　　將泡了1天水的米用篩網撈起，放進散出蒸氣的蒸籠內1個小時。把蒸軟的米放涼至人體的溫度，加入叫「種麴」的麴粉，用布包起來放入木箱，再放入維持36℃的麵包用發酵機中。到了隔天早上，像結了一層薄霜的白色菌絲開始延伸，上下翻面稍微降溫，再放一晚。接著從發酵機中取出放在室溫下，鬆軟的自製米麴就像照片一樣完成了。每次看到米麴的樣子，都會感嘆地說出「真是太可愛了！」。

　　做好的米麴像甘栗一樣，帶有溫和且溫暖的獨特甜味。我覺得比市售的米麴水分含量更多，甜味也很重。再從米麴延伸製作「檸檬與駱駝」工作室中使用的發酵調味料，所以每個月應該會製作2~3次吧。製作米麴已經成為了我生活中不可或缺的一部分。

無麩質餅乾與點心

一提到過去使用米穀粉的無麩質點心，

不禁給人喀吱且堅硬的印象。

但仔細試驗了糙米穀粉、片栗粉和杏仁粉等粉類的各種比例後，

我逐漸學會了可以做出像麵粉點心一樣酥脆、入口即化的細緻口感。

希望能讓很多人品嘗，我想出的全新無麩質的滋味。

塩麴

起司奶油酥餅
奶油酥餅

ミそ
酒粕

44

作法→ p.46 / p.47

しょうゆ麹

塩麹

雪球餅乾　印度奶茶

荳蔻可可球

作法→ p.48 ／ p.49

奶油酥餅

無糖且不含麵粉。

想讓從大人到小孩的所有人吃到「檸檬與駱駝」最受歡迎的點心。

提到奶油酥餅，就像是放了滿滿奶油的點心的代名詞，

但要是吃了我設計的這一款，「原來也有這種奶油酥餅」

我想……應該可以為您開啟一扇新的門。

使用了米穀粉的麵團，因為水分含量較少所以口感會變得清淡。

因此麵團容易斷裂，有一點難擀平。

如果覺得操作困難時，請試試看 p.47 下半部的方法。

材料（1.5×7.5cm 的奶油酥餅 16 條份）

A │ 米穀粉…150g
　 │ 太白粉…50g
　 │ 杏仁粉 …50g
　 │ 椰子油（固形／參照 p.8）…60g
B │ 楓糖漿…65g
　 │ 鹽麴…10g

事前準備

• 將烤箱預熱到 160℃。

作法

1 用刀將椰子油切成約 3mm 寬。

2 將 A 放入食物調理機中，攪拌到看不見椰子油的顆粒為止。中途邊確認邊攪拌比較好。

3 將步驟 2 加入調理盆，再加入 B 並用手攪拌。攪拌直到液體被粉吸收，整理成團。

4 在烘焙紙上放步驟 3。蓋上保鮮膜，使用擀麵棍與 1.5cm 厚的尺（重疊 1cm 和 5mm 的尺），擀成寬 16× 長 14cm 左右。放在冰箱中冷藏 3~5 分鐘（參考 p.47 下半段）。

5 將步驟 4 從冰箱中取出，用刀切掉兩邊，切成寬 15× 長 12cm 的長方形。用量尺測量並做記號（a），垂直切成一半並將寬度各切成 7.5cm（b），再分別切成 1.5cm 寬（c）。

⇒因為是容易斷裂的麵團，所以切的時候不要一口氣切下，而是利用刀的重量，輕柔且一點一點地切下就好。

6 用竹籤在表面淺淺地刺上裝飾孔。每條刺 5 個地方（d）。用刮板（or 菜刀刀背）整理斷面（e），擺放在鋪好烘焙紙的烤盤上。

7 用 160℃ 的烤箱烤 18~20 分鐘。

8 從烤箱中取出，直接放在烤盤上冷卻。

a

b

c

d

e

起司奶油酥餅

用味噌＋酒粕製作，有起司風味的奶油酥餅。
濃郁的滋味就算只吃 1 顆也有很高的滿足感，
特地整型做成圓滾的小尺寸。
成品非常像起司的味道，
所以也是一款令人吃驚、看不出是純素的點心。

材料（1.5cm 方形的奶油酥餅 40 個份）

米穀粉…90g

太白粉…30g

杏仁粉 …30g

味噌…5g

酒粕…6g

椰子油（固形／參照 p.8）…36g

粗磨黑胡椒…1g

楓糖漿…30g

事前準備

• 將烤箱預熱到 160℃。

作法

1 用刀將椰子油切成約 3mm 寬。

2 將楓糖漿以外的材料加入食物調理機中，攪拌到看不見椰子
  油的顆粒為止。中途邊確認邊攪拌比較好。

3 將步驟 2 加入調理盆中，加入楓糖漿並用手攪拌。這時候
  要攪拌到液體被粉吸收，再整理成團。

4 在烘焙紙上放步驟 3。蓋上保鮮膜，使用擀麵棍與 1.5cm 厚
  的尺（重疊 1cm 和 5mm 的尺）擀平（參照作法如下）。用
  刀切成 1.5cm 方塊狀，擺放在鋪好烘焙紙的烤盤上。

5 用 160℃的烤箱烤 18 分鐘。

6 從烤箱中取出，直接放在烤盤上冷卻。

奶油酥餅、起司奶油酥餅的作法步驟 4 的麵團無法順利擀開。
或者沒有尺的情況

將步驟 3 的麵團放入附夾鏈的保鮮袋中。
用擀麵棍從袋子上方向下滾動，讓麵團擴散到底部。
將麵團擀成厚度約 1.5cm，並擀平。
放在冰箱冷藏 3~5 分鐘左右，剪開袋子的邊緣取出麵團。

荳蔻可可球

「想要做使用了醬油麴的點心耶」而構想完成的餅乾。
柔和的椰蓉與醬油麴的組合,
在我腦海中的印象是「御手洗糰子(醬油糰子)」(笑)。
還加上了荳蔻的清爽感。
酥脆的口感之後,吃起來很柔軟且入口即化,是一款口感富有變化的點心。

椰蓉
將椰子的果肉烘乾,粗磨後得到的細絲。比椰子絲的口感更柔軟、細緻。我愛用「パンの材料屋maman(麵包的材料店maman)」的椰蓉。

材料(直徑 2.5cm 的餅乾 23~24 個份)

A | 米穀粉…100g
　| 甜菜糖(粉末狀)…15g
　| 太白粉…10g ⇒加在一起過篩
　| 荳蔻粉…1g
椰蓉…10g
B | 椰子油(液體/參照 p.8)…60g
　| 椰奶…20g
　| 醬油麴…10g
　| 豆漿…10g
椰蓉…適量

椰奶
在純素點心當中,常常當作替代鮮奶油的角色的椰奶。我經常使用「MUSO 有機」的椰奶。

48

事前準備
• 將烤箱預熱到 150℃。

作法
1 將 B 加入調理盆,用打蛋器充分攪拌至均勻為止。
2 在步驟 1 中加入 A 和椰蓉 10g,用橡膠刮刀攪拌。
3 將每顆測量成 10g,用手搓圓(a)。趁還留有手溫時,在
　周圍灑滿椰蓉(b),擺放在鋪了烘焙紙的烤盤上。
4 用 150℃的烤箱烤 24 分鐘。
5 從烤箱中取出,直接放在烤盤上冷卻。

a

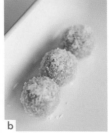

b

雪球餅乾
印度奶茶

雪球餅乾是經典的餅乾之一，
但我想做　個……用了很多香料的雪球餅乾。
「檸檬與駱駝」的事業工作是從製作咖哩開始起家的，
所以其實我很擅長做加了香料的點心。
胡桃突顯出餅乾的口感。

材料（直徑 2cm 的餅乾 30 個份）

A　糙米穀粉（未經烘烤)* … 105g
　　杏仁粉 … 45g
　　甜菜糖（粉末狀）… 45g
　　肉桂粉 … 1.5g
　　荳蔻粉 … 0.5g
　　丁香粉 … 0.5g
⇒加在一起過篩

B　椰子油（液體／參照 p.8）… 68g
　　鹽麴 … 8g

胡桃（切大塊）… 25g

印度奶茶糖粉（材料、作法如下）… 適量

＊買不到糙米穀粉時，也可以用米穀粉代替製作。

事前準備
• 將烤箱預熱到 160℃。

作法
1 將 B 加入調理盆，用打蛋器輕輕攪拌。
2 將 A 一次性加入步驟 1 中，用橡膠刮刀攪拌。加入胡桃，
　繼續攪拌。
3 用手將步驟 2 的麵團撕成小塊，每個測量為 10g，用手搓圓，
　擺放在鋪好烘焙紙的烤盤上。
4 用 160℃ 的烤箱烤 10 分鐘。將溫度調低至 150℃，再烤 12
　分鐘。
5 從烤箱中取出，直接放在烤盤上冷卻。散熱之後沾滿印度奶
　茶糖粉。

印度奶茶糖粉的作法（容易製作的份量）
在調理盆中加入片栗粉 40g、甜菜糖粉（參照 p.15）40g、
肉桂粉 1g、荳蔻粉 0.5g、丁香粉 0.5g，
用打蛋器充分攪拌。

穀麥 塩麹

雖然有一種方法是用棉花糖黏住穀麥做成穀麥棒，
但我在想「有沒有純素可食，不使用吉利丁的作法？」
而想到了利用寒天的方法。使用湯匙整理成球狀，
固定成像餅乾一樣。蔓越莓的酸味很突出。

材料（容易製作的份量）
燕麥片（參照 p.31）…190g
A｜杏仁…30g
　｜核桃…30g
　｜榛果…20g
B｜楓糖漿…35g
　｜鹽麴…7g
　｜椰蓉（參照 p.48）…35g
蔓越莓乾…40g
［寒天液］
甜菜糖（粉末狀）…60g
水…50g
寒天粉…2g

事前準備
• 用 170℃ 的烤箱將燕麥片和 A 烘烤 10 分鐘左右（已烘烤過的堅果，不需進行此步驟）。
• 將烤箱預熱到 150℃。

作法
1 待 A 的堅果類散熱之後，用刀切成大塊。
2 在調理盆中加入燕麥片，再加入 B，用橡膠刮刀攪拌均勻。攤開在鋪好烘焙紙的烤盤上，鋪成約 1cm 的厚度，用 150℃ 的烤箱烤 10 分鐘。
3 連同烤盤一起從烤箱中取出，加堅果類，用湯匙攪拌均勻、鋪平。放回烤箱中，用 150℃ 的烤箱烤 10 分鐘。取出烤盤，散熱之後放入調理盆中，混合蔓越莓乾。

4 在小鍋中加入寒天液的材料並攪拌、開火。沸騰之後加熱 1 分鐘，離開火源。用手持式攪拌機的高速打發到綿密且呈現光澤為止（a）。
5 趁步驟 4 還溫熱時將 105g 份的步驟 3 加入攪拌。一隻手戴上塑膠手套，用圓湯匙適量舀起（b），用手從上方壓住，讓麵糊固定在湯匙中（c），擺放在鋪好烘焙紙的烤盤上（d）。
6 放入 160℃ 的烤箱，烤 10 分鐘。
7 從烤箱中取出，直接放在烤盤上冷卻。

巧克力冰箱餅乾

原本烤箱餅乾是將餅乾麵團放在冰箱中冷藏之後
用刀切成圓片再烘烤。
因為無麩質麵團很難用刀切，所以採用了用圓型模具壓模之後，
在餅乾周邊沾滿甜菜糖的方式。
這一款也是「想不到不含麩質」的人氣點心。

材料（直徑 4.5cm 的圓形餅乾 12~13 片份）

A｜糙米穀粉（未經烘烤）*⋯100g
　｜可可粉 ⋯20g　　　　　　⇒加在一起過篩
　｜甜菜糖（粉末狀）⋯15g

B｜味噌⋯2g
　｜椰子油（液體／參照 p.8）⋯60g

豆漿⋯8g

杏仁片⋯50g

甜菜糖（粉末狀）⋯適量

＊買不到糙米穀粉時，也可以用米穀粉代替製作。

事前準備

• 將烤箱預熱到 160℃。

作法

1 將 B 加入調理盆，用打蛋器輕輕攪拌。

2 將 A 一次性加入步驟 1 中，用橡膠刮刀攪拌。加入豆漿，
　繼續攪拌。加入杏仁片，迅速攪拌，再用手捏成團。由於杏
　仁片容易分離，所以要用手進行此步驟。

3 在烘焙紙上放步驟 2。蓋上保鮮膜，使用擀麵棍與 1cm 厚
　的尺，盡量擀成正方形。輕壓並滾動擀麵棍，如果邊緣裂開
　就用手抹平。連同烘焙紙一起放在烤盤上。

4 將步驟 3 放在冰箱中冷藏 5 分鐘左右後取出。用圓形的模
　具壓模，放在烤盤墊（洞洞烤墊）後冰在冷凍 10 分鐘左右，
　再取出。重疊拿起 3 個麵團，在側面沾豆漿（份量外）（a），
　沾滿甜菜糖（b），擺放在鋪了烤盤墊（洞洞烤墊）的烤盤
　上（c）。

5 放入 160℃的烤箱，烤 24 分鐘。

6 從烤箱中取出，直接放在烤盤上冷卻。

　⇒也很推薦放在冰箱中冷藏後再吃。和常溫的口感不一樣很有趣。

巧克力瑪德蓮

塩麹
甘酒

54

→ 作法 p.56

費南雪

塩麹甘洒

→ 作法 p.57

巧克力瑪德蓮

帶給人「麵粉和奶油的點心」這種強烈印象的瑪德蓮。
是很難做得出無麩質且純素的原味的點心。
使用油分剛好的可可粉，
做成了巧克力風味，所以成品口感很鬆軟。

材料（4×6.5cm 的瑪德蓮 9 個份）

A｜杏仁粉 …60g
　太白粉 …15g
　甜菜糖（粉末狀）…20g　⇒加在一起過篩
　泡打粉 …3g
　可可粉 …15g

B｜鹽麴 …3g
　椰子油（液體／參照 p.8）…22g
　香草精 …5g
　甘酒 …15g
　杏仁奶（無糖）…50g

杏仁奶（無糖）
不想要豆漿的豆子風味，
而是想增加像牛奶一樣的
奶味時使用。我推薦不使
用砂糖與添加物的「The
Bridge」的「杏仁飲」。

事前準備
• 將烤箱預熱到 170℃。

作法

1 將 B 加入調理盆。在另一個較大的調理盆中倒入熱水，放
　在 B 的底部，隔水加熱邊用打蛋器輕輕攪拌。一次性加入
　A，繼續用橡膠刮刀攪拌。

2 當步驟 1 的麵團變得均勻之後，各倒 23g 到矽膠製的瑪德
　蓮烤模中。將烤模放在烤盤上連同烤盤一起捧到作業台上，
　讓麵糊表面變得平滑。

3 放入 170℃的烤箱，烤 24 分鐘。

4 從烤箱中取出，連同烤模一起冷卻。散熱之後從烤模中取
　出。

香草精
「ALISHAN」的「香草精」
從香草莢中萃取香氣，我
喜歡它不會太過濃烈，隱
約散發出香氣的優雅感。

矽膠烤模
純素的麵糊烤好後，用鐵
或鐵氟龍材質的烤模很
難脫模，所以這款瑪德蓮
請務必要使用矽膠製的烤
模。

費南雪

想要重現費南雪黏稠、多汁的口感，
所以仔細地構想了麵粉、油份與甜味的比例。
放隔夜以後的質地會比剛出爐的費南雪更濕潤，
我覺得更加好吃。

材料（3.5×8cm 的費南雪 7 個份）

A | 杏仁粉 …50g
  | 米穀粉 …20g
  | 太白粉 …10g
  | 泡打粉 …3g
  | 甜菜糖（粉末狀）…5g

⇒加在一起過篩

B | 杏仁奶（無糖／參照 p.56）…40g
  | 椰子油（液體／參照 p.8）…22g
  | 米飴 ※…6g
  | 鹽麴 …1g
  | 香草醬 …5g
  | 甘酒 …15g

※ 譯註：米飴是水飴的一種，是源自日本一種糖漿，由發芽米磨成的澱粉製作而成。

事前準備

• 將烤箱預熱到 170℃。

作法

1 將 B 加入調理盆。在另一個較大的調理盆中倒入熱水，放在 B 的底部，隔水加熱邊用打蛋器輕輕攪拌。一次性加入 A，繼續用橡膠刮刀攪拌。

2 當麵糊變得均勻之後，各倒 25g 進矽膠製的費南雪烤模中。將烤模放在烤盤上連同烤盤一起摔到作業台上，讓麵糊表面變得平滑。

3 放入 170℃的烤箱，烤 24 分鐘。

4 從烤箱中取出，連同烤模一起冷卻。散熱之後從烤模中取出。

米飴

為了要做出像費南雪一般的厚實口感而添加米飴。「MITOKU」出品的「糙米水飴」是用傳統製法製作而成的糙米水飴。

香草醬

「Taylor & Colledge」出品的「有機香草莢醬」很容易使用，只加少量就有很濃的香草風味，所以我很推薦。

矽膠烤模

純素的麵糊烤好後，用鐵或鐵氟龍材質的烤模很難脫模，所以這款費南雪請務必要使用矽膠製的烤模。

楓糖堅果司康 甘酒

→ 作法 p.59 / p.60

司康

這款司康的口感外皮硬脆、內裡鬆軟。
在香氣濃郁的糙米穀粉中加入杏仁粉和片栗粉，
做成了接近麵粉的口感。
重點是將椰子油揉進麵粉當中。

材料（直徑 6× 高度 3cm 的圓形司康 4 個份）

A | 糙米穀粉（未經烘烤）*…185g ⎤
　| 太白粉…38g
　| 杏仁粉…50g　　　　　　　⟶加在一起過篩
　| 泡打粉…7g
　| 甜菜糖（粉末狀）…8g ⎦

椰子油（固形／參照 p.8）…55g

B | 甘酒…50g
　| 鹽…1g
　| 杏仁奶（無糖／參照 p.56）…50g
　| 煮鷹嘴豆的水（參照 p.31）…15g

楓糖漿…適量

＊買不到糙米穀粉時，也可以用米穀粉代替製作。

事前準備

• 將烤箱預熱到 170℃。

作法

1 用刀將椰子油切成約 3mm 寬。

2 將步驟 1 和 1/3 份量的 A 放入食物調理機中，攪拌到看不
　見大的椰子油顆粒為止。加入剩下的 A，攪拌 3~5 分鐘左右。
　中間摸看看，如果有油的顆粒，再繼續攪拌。直到油融入粉
　中、粉開始變濕潤就 OK。

3 將 B 倒入調理盆中，用打蛋器攪拌。

4 將步驟 2 一次性加入步驟 3 中並用手充分攪拌，將麵糊整
　理成團。

5 將步驟 4 取出放在作業台上，蓋上保鮮膜，使用擀麵棍與
　3cm 厚的尺（重疊 3 支 1cm 的尺）擀平。由於麵團容易斷裂，
　如果裂開的話就邊用手壓平，再用圓形的模具壓模。

　⟶沒有尺的時候，儘量均勻地擀成 3cm 高。如果很難一口氣壓好幾個餅乾的
　話，就分開一個一個壓，重新整理麵團後再壓模。

6 將步驟 5 擺放在鋪好烘焙紙的烤盤上，用 170℃ 的烤箱烤
　10 分鐘。從烤箱中取出，用刷子在表面塗抹楓糖漿。放回
　烤箱中，再烤 30 分鐘。

7 從烤箱中取出，直接放在烤盤上冷卻。

　⟶建議烤好當天就直接吃，也很推薦隔天之後用烤箱加熱後再吃。

楓糖堅果司康

雖然原味的「司康」非常適合隨餐享用，
但這是一款讓人想要期待午茶時間的甜司康。
重點是圓滾滾的核桃口感，
以及楓糖的甜味。

材料（5×5×高度 3cm 的方形司康 4 個份）

A ｜ 糙米穀粉（未經烘烤）*…185g
　　太白粉…38g
　　杏仁粉…50g　　　　　　⇒加在一起過篩
　　泡打粉…7g
　　楓糖…8g

椰子油（固形／參照 p.8）…55g

B ｜ 甘酒…50g
　　鹽…1g
　　杏仁奶（無糖／參照 p.56）…50g
　　煮鷹嘴豆的水（參照 p.31）…15g

核桃（把較大顆的切成一半）…20g

楓糖漿…適量

＊買不到糙米穀粉時，也可以用米穀粉代替製作。

事前準備

• 將烤箱預熱到 170℃。
• 將核桃用 170℃ 的烤箱烘烤 5 分鐘左右。
　（已烘烤完畢的產品，不需進行此步驟。）

作法

1 用 p.59 的作法 1 → 2 → 3 的相同方式攪拌麵糊。

2 在步驟 1 中加入核桃後用手充分攪拌，將麵糊整理成團。

3 將步驟 2 取出放在作業台上，蓋上保鮮膜，使用擀麵棍與
　3cm 厚的尺（重疊 3 支 1cm 的尺）擀平。由於麵團容易斷裂，
　如果裂開的話就邊用手壓平，整理成長方形。接著再用刀將
　每塊切成 5×5cm。

　⇒沒有尺的時候，儘量均勻地擀成 3cm 高。如果很難一口氣壓好幾個餅乾的
　話，就分開一個一個壓，重新整理麵團後再壓模。

楓糖
想要更加強「楓糖感」時
會把楓糖加入楓糖漿中。
我愛用「パンの材料屋
maman」的楓糖。

4 將步驟 6 擺放在鋪好烘焙紙的烤盤上，用 170℃ 的烤箱烤
　10 分鐘。從烤箱中取出，用刷子在表面塗抹楓糖漿。放回
　烤箱中，再烤 30 分鐘。

5 從烤箱中取出，直接放在烤盤上冷卻。

　⇒建議烤好當天就直接吃，也很推薦隔天之後用烤箱加熱後再吃。

Column 2　和「檸檬與駱駝」的點心搭配的茶與咖啡

　　我在構想點心的時候，很多時候會以想像與飲料搭配的方式來參考。我的朋友安江里奈生產的「添い」的手摘煎茶「萌木」（**a**），滋味清爽且充滿朝氣。和非常適合配「茉香葉子餅」（p.22）。很常一起辦活動的鈴木七重小姐生產的「∴ chimugusui」，幫我混合了供「檸檬與駱駝」使用的原創香草茶（**b**）。原料是日本薄荷中加入紅紫蘇、胡椒薄荷和檸檬馬鞭草，還有鮮豔藍色的來源的蝶豆花。非常適合搭配「檸檬餅乾」（p.14）和「奶油酥餅」（p.44）等風味細膩的點心。靜岡縣當地是茶葉王國，我也很常喝帶有強烈單寧味的綠茶。鄰近的「大久保農園」的茶（**c**），和風味強烈的「芝麻餅乾」（p.30）是好搭檔。

　　鄰近的飲料店「苑（その）」的咖啡（**d**）是我們家固定且常喝的飲料。不會有太強的苦味，應該可以說是殘留了咖啡豆本身的味道吧。咖啡當然還是要搭配麵粉點心。我很喜歡和「印度奶茶餅乾」（p.16）、「鹽味酥餅」（p.24）一起吃。因為我決定一天只喝一杯咖啡，所以第 2 杯開始會喝「Bottega Baci」的穀物咖啡（**e**）。和磅蛋糕類一起吃。

3

蛋糕與點心

一般製作蛋糕時,雖然大多從把砂糖拌入雞蛋的這一步開始,
但要用純素的方式重現這種粘稠的液體的話,
用「甘酒、豆漿、菜籽油」的組合就可以做得很逼真。
本章節主要介紹使用了這個配方做成的蛋糕。
每一款成品都讓人想一手拿著葡萄酒、一手享用,
有點大人的滋味。

材料（16×7×高度 6cm 的磅蛋糕烤模 1 個份）

A
低筋麵粉…145g
米穀粉…20g
泡打粉…7g
甜菜糖（粉末狀）…60g
⇒加在一起過篩

B
菜籽油…85g
嫩豆腐（不瀝乾水）…60g
豆漿…50g
甘酒…40g
檸檬汁…30g

檸檬皮（不使用蠟）…1 顆份

［糖漿］
檸檬汁…25g
甜菜糖粉（參照 p.15）…10g

［糖霜］
檸檬汁…8g
甜菜糖粉（參照 p.15）…50g

檸檬蛋糕 甘酒

事前準備
- 用吸收了菜籽油（份量外）的廚房紙巾擦拭烤模的內側，拍掉多餘的低筋麵粉（份量外）。
- 將烤箱預熱到 180℃。

作法
1 用刨絲刀或磨泥器磨檸檬皮。
2 將 B、步驟 1 的檸檬皮加入調理盆，用打蛋器充分攪拌至乳化為止。
3 一次性將 A 加入步驟 2，用橡膠刮刀攪拌到沒有殘粉為止，倒入烤模中，將表面弄平整。
4 放入 180℃的烤箱，烤 5 分鐘。從烤箱中取出，用刀在正中央劃一條垂直的切痕後放回烤箱，繼續烤 10 分鐘。將溫度調低至 170℃，再烤 25~30 分鐘。插入竹籤，沒有沾黏麵糊的話就從烤箱中取出。散熱好後就脫模，放在蛋糕置涼架上。
5 將糖漿的材料加入調理盆中，用湯匙充分攪拌。
6 趁步驟 4 還有點溫熱時，用刷子均勻塗抹糖漿，完全放涼。
7 將糖霜的材料加入調理盆中，用湯匙充分攪拌。蓋上保鮮膜並放置 5 分鐘左右後，繼續攪拌均勻。
8 將步驟 7 用湯匙來回淋在步驟 6 上，灑上適量的檸檬皮（份量外）。

嫩豆腐
我使用位於靜岡縣藤枝市的「三浦豆腐店」的「鹵水手作寄豆腐※（にがり手寄せ地豆腐）」。沒有豆腥味，滑順的口感很適合用在蛋糕中。

※ 譯註：「鹵水手作寄地豆腐」是指在豆漿中點入鹵水並攪拌，待其凝固後，不經壓模定型、不經漂白製作而成的日式豆腐。口感柔軟且入口即化。

在麵糊與糖霜中都加了滿滿的 2~3 顆檸檬。
從外皮到果汁，使用整顆檸檬的蛋糕。
雖然沒有用雞蛋卻這麼黃（笑），
也常聽到吃到的人又驚又喜地說「檸檬的風味好強烈！」。
我想讓麵糊更加厚重一點，所以添加了米穀粉和豆腐。

胡蘿蔔香料蛋糕

在 4 種香料中加入了核桃、椰蓉和葡萄乾，是一款很華麗的胡蘿蔔蛋糕。
各種滋味融合為一，吃到停不下來的點心。
蛋糕的滋味當然很適合搭配咖啡，配酒也很適合。

材料（直徑 5× 高度 6cm 的布丁杯 7 個份）

A
| 高筋麵粉…80g |
| 米穀粉…20g |
| 高筋全麥麵粉…35g |
| 甜菜糖（粉末狀）…60g |
| 鹽…1g |
| 泡打粉 …5g |
| 荳蔻粉 …0.5g |
| 丁香粉…0.5g |
| 肉荳蔻粉 …2g |
| 肉桂粉 …4g |

⇒加在一起過篩

B
| 菜籽油…75g |
| 豆漿…50g |
| 甘酒…100g |

胡蘿蔔…100g
核桃…30g
椰蓉（參照 p.48）…30g
葡萄乾…100g
豆漿鮮奶油（材料、作法如下）…適量

事前準備

• 用吸收了菜籽油（份量外）的廚房紙巾擦拭烤模的內側，拍掉多餘的高筋麵粉（份量外）。
• 將核桃用 170℃的烤箱烘烤 8 分鐘左右。
  （已經烘烤過的產品，就不需要做這個步驟。）
• 將烤箱預熱到 180℃。

作法

1 將胡蘿蔔連同外皮一起用起司刨絲器刨成絲（a）。
2 將 B 加入調理盆，用打蛋器充分攪拌至乳化為止。
3 將 A 一次性加入步驟 2 中，用橡膠刮刀攪拌。攪拌到剩下一點粉感的程度，就加入步驟 1，繼續攪拌。加入椰蓉、葡萄乾，繼續攪拌。最後加入核桃，快速攪拌，均等地倒入烤模中。
4 放入 180℃的烤箱，烤 15 分鐘。將溫度調低至 170℃，再烤 30~35 分鐘。
5 插入竹籤，沒有沾黏麵糊的話就從烤箱中取出。散熱好後就脫模，放在蛋糕置涼架上。
6 要吃之前，用湯匙放上豆漿鮮奶油。

豆漿鮮奶油的作法（胡蘿蔔香料蛋糕 7 個分）

將豆漿優格 250g 放入咖啡濾紙等過濾工具中，
放在冰箱瀝水 3~4 個小時，到重量變成 180g 為止。
加入楓糖漿 15g、檸檬汁 5g，用打蛋器攪拌均勻。
加入椰子油（液體 / 參照 p.8）30g，繼續攪拌均勻。
放入保存容器中，可以在冰箱中冷藏保存約 3 天。
搭配「司康」（p.58）也很好吃。

a

黑可可
橙皮布朗尼

這是「檸檬與駱駝」開始營業起一直持續製作的資深點心成員。
很多人被「黑色蛋糕」的創新外觀嚇到，
黑色是來自於保濕度也很優秀的黑可可粉。
因可可粉產生了 Q 彈且濕潤的口感。
點綴了堅果和水果乾的濃厚滋味，請務必吃一次看看。

甘酒

材料（16×7× 高度 6cm 的磅蛋糕 1 個份）

A
| 低筋麵粉…70g
| 米穀粉…30g
| 泡打粉…6g
| 杏仁粉…30g
| 黑可可粉…30g

⇒加在一起過篩

B
| 嫩豆腐（不瀝乾水 / 參照 p.64）…180g
| 菜籽油…60g
| 甘酒…50g
| 蘭姆酒…15g
| 甜菜糖（粉末狀）…50g
| 楓糖漿…80g
| 鹽…1g

橙皮（參照 p.40）…40g

核桃 30g

［裝飾］

罌粟籽、核桃（切大塊）…皆適量

事前準備

• 用吸收了菜籽油（份量外）的廚房紙巾擦拭烤模的內側，拍掉多餘的低筋麵粉（份量外）。

• 將核桃用 170℃的烤箱烘烤 8 分鐘左右。
（已經烘烤過的產品，就不需要做這個步驟。）

• 將烤箱預熱到 180℃。

作法

1 將 B 加入調理盆，用打蛋器充分攪拌至乳化為止。

2 將 A 一次性加入步驟 1 中，用橡膠刮刀攪拌到沒有殘粉為止。加入橙皮、核桃，繼續攪拌，倒入烤模。將表面弄平整，在麵糊上灑裝飾用的罌粟籽、核桃。

3 放入 180℃的烤箱，烤 5 分鐘。從烤箱中取出，用刀在正中央劃一條垂直的切痕後放回烤箱，繼續烤 10 分鐘。將溫度調低至 170℃，再烤 45~50 分鐘。

4 插入竹籤，沒有沾黏麵糊的話就從烤箱中取出。散熱好後就脫模，放在蛋糕置涼架上。

黑可可粉

黑可可粉的特徵是比一般可可粉顏色更濃並帶有像黑巧克力一樣的獨特酸味。我使用「パンの材料屋 maman（麵包材料店 maman）」的「可可粉（黑）」。

蘭姆酒

蘭姆酒經常在增添點心風味時使用，是由甘蔗製作而成的蒸餾酒。
「MYERS'S」很容易買到，價格也很實惠。

辛香
無花果布朗尼

甘
酒

提到布朗尼，大部分會鋪平並用烤盤烘烤。

而我用磅蛋糕烤模烘烤。

在蛋糕麵糊中加了肉桂、鑲嵌在麵糊中一起烤的無花果有很重的荳蔻味，

做成了辛香且充滿大人感的滋味。

材料（16×7×高度 6cm 的磅蛋糕烤模 1 個份）

A | 低筋麵粉…120g
　| 米穀粉…30g
　| 泡打粉…6g   ⇒加在一起過篩
　| 杏仁粉…30g
　| 可可粉…40g
　| 肉桂粉…4g

B | 甘酒…120g
　| 菜籽油…60g
　| 豆漿…20g
　| 蘭姆酒（參照 p.69）…13g
　| 楓糖漿…80g
　| 鹽…少許
　| 甜菜糖（粉末狀）…50g

C | 無花果乾（參照 p.35）…3 個
　| 水…60g
　| 荳蔻粉…1g

核桃…80g

事前準備

• 用吸收了菜籽油（份量外）的廚房紙巾擦拭烤模的內側，拍
　掉多餘的低筋麵粉（份量外）。

• 將核桃用 170℃的烤箱烘烤 8 分鐘左右。
　（已經烘烤過的產品，就不需要做這個步驟。）

• 將烤箱預熱到 180℃。

作法

1 在鍋中加入 C 並開中火，持續煮到無花果變得鬆軟、幾乎
　沒有水分為止（a）。

2 將 B 加入調理盆，用打蛋器充分攪拌至乳化為止。

3 將 A 一次性加入步驟 2 中，用橡膠刮刀翻拌。加入核桃、
　用刀切成 4 等分的步驟 1，繼續攪拌。倒入烤模中，將表面
　弄平整。

4 放入 180℃的烤箱，烤 5 分鐘。從烤箱中取出，用刀在正中
　央劃一條垂直的切痕後放回烤箱，繼續烤 10 分鐘。將溫度
　調低至 170℃，再烤 30~35 分鐘。

5 插入竹籤，沒有沾黏麵糊的話就從烤箱中取出。散熱好後就
　脫模，放在蛋糕置涼架上。

a

抹茶咕咕霍夫

我的故鄉 ‧ 靜岡是茶葉的一大產地。
有一位住在附近的叔叔生產的抹茶很優秀，
所以我試著和當地的日本酒一起做成了蛋糕。
雖然是西式點心，但帶有一點像日式點心的風味，
我以想像了「抹茶味的酒饅頭」的方式製作。

甘酒

材料（直徑 18× 高度 6cm 的咕咕霍夫烤模 1 個份）

A ｜ 低筋麵粉⋯200g
　｜ 糙米穀粉（未經烘烤）*⋯40g
　｜ 抹茶粉末⋯20g　　　　　　　⇒加在一起過篩
　｜ 泡打粉⋯12g
　｜ 甜菜糖（粉末狀）⋯80g

B ｜ 菜籽油⋯160g
　｜ 豆漿⋯100g
　｜ 甘酒⋯200g

［糖霜］
甜菜糖粉（參照 p.15）⋯50g
純米酒⋯13g

罌粟籽⋯適量

＊買不到糙米穀粉時，也可以用米穀粉代替製作。

事前準備
‧ 用吸收了菜籽油（份量外）的廚房紙巾擦拭咕咕霍夫烤模的
　內側，拍掉多餘的低筋麵粉（份量外）。
‧ 將烤箱預熱到 180℃。

作法
1 將 B 加入調理盆，用打蛋器充分攪拌至乳化為止。
2 將 A 一次性加入步驟 1 中，用橡膠刮刀翻拌，倒入烤模。
3 放入 180℃ 的烤箱，烤 5 分鐘。從烤箱中取出，用刀沿著烤
　模切成一個圓形後放回烤箱，再烤 10 分鐘。將溫度調低至
　170℃，繼續烤 30~35 分鐘。
4 插入竹籤，沒有沾黏麵糊的話就從烤箱中取出。散熱好後就
　脫模，放在蛋糕置涼架上。
5 將糖霜的材料加入調理盆，用湯匙攪拌均勻。蓋上保鮮膜並
　放置 5 分鐘左右後，再攪拌均勻。
6 將步驟 5 來回淋在步驟 4 上，將罌粟籽稀疏地灑在突起的
　部分並灑成圓形。

抹茶（おくみどり）
我使用鄰居桑山壽美男的
抹茶。鮮豔的綠色就算放
在烤箱烤也不太會褪色，
苦味之後留有一點甘甜的
餘韻。

純米酒
靜岡最古老的酒造「初龜
釀造」的「初龜急冷美
酒」，是對日本酒新手來
說也很順口的水果般滋
味。非常適合用來做點
心，和抹茶也很搭。

蘋果塔　塩麴

在加了椰子油的酥鬆塔皮麵體上，
放上伯爵茶風味的杏仁奶油餡，
以及一整顆完整的切片蘋果的塔。
將蘋果盡量切成薄片，就能做成更加緻的口感。
隨個人喜好配香草冰淇淋一起吃也很好吃。

材料（24×9.5×高度 3cm 的塔模 1 個份）

A | 低筋麵粉…172g
　| 太白粉…8g
　| 甜菜糖（粉末狀）…38g ⇒加在一起過篩

B | 鹽麴…8g
　| 椰子油（液體/參照 p.8）…45g

[杏仁奶油餡]

C | 杏仁粉…55g
　| 高筋全麥麵粉…30g
　| 低筋麵粉…25g
　| 伯爵茶茶葉（參照 p.19）…4g ⇒加在一起過篩
　| 泡打粉…2g

D | 嫩豆腐（不瀝乾水 / 參照 p.64）…100g
　| 甜菜糖（粉末狀）…40g
　| 菜籽油…25g
　| 鹽麴…5g

蘋果…1 顆

甜菜糖粉（參照 p.15）…適量

事前準備

• 用研磨機將伯爵茶茶葉打成粉末。
• 用吸收了菜籽油（份量外）的廚房紙巾擦拭烤模的內側，拍掉多餘的低筋麵粉（份量外）（a）。
• 將烤箱預熱到 180℃。

作法

1 製作塔皮。將 B 加入調理盆並用打蛋器攪拌，再加入 A，用指尖攪拌且同時注意不要過度搓揉。大致攪拌完成後加入水 38g（份量外），將麵糊整理成團。在調理盆上蓋保鮮膜，放置約 15 分鐘。

2 將步驟 1 放在烘焙紙上。蓋上保鮮膜，用擀麵棍擀成 14×28cm 左右的長方形。把過程中用刮板在麵團周圍切下的邊角放到麵團上（b），用擀麵棍重複擀平好幾次（c），擀到接近長方形（d）。將麵團上下翻面，把麵團放在保鮮膜側，撕開烘焙紙（e）。連同保鮮膜一起提起麵團（f），蓋在烤模上，用手指壓在烤模上（g）。在上方滾動擀麵棍（h），撕掉保鮮膜並拿掉走多餘的部分（i）（用烤模按壓並用刀切掉多餘的麵團，再做成餅乾）。用手指整理麵團，用叉子等工具在表面戳洞（j）。用 180℃ 的烤箱烤 15 分鐘，取出冷卻。

3 製作杏仁奶油餡。將 D 放入調理盆後用手持式攪拌機充分攪拌至滑順為止。放入 C，用橡膠刮刀充分攪拌。

4 將步驟 3 放入步驟 2，用橡膠刮刀弄半整（k）。

5 用刀將蘋果連皮切成 4 等分，去除整個芯，再切成薄片。交疊擺放在步驟 4 上。放上用手疊放好的蘋果片即可（l）。

6 放入 180℃ 的烤箱，烤 10 分鐘。將溫度調低至 170℃，繼續烤 25 分鐘。從烤箱中取出，散熱好後就脫模，放在蛋糕置涼架上。完全冷卻之後，用濾茶網灑糖粉。

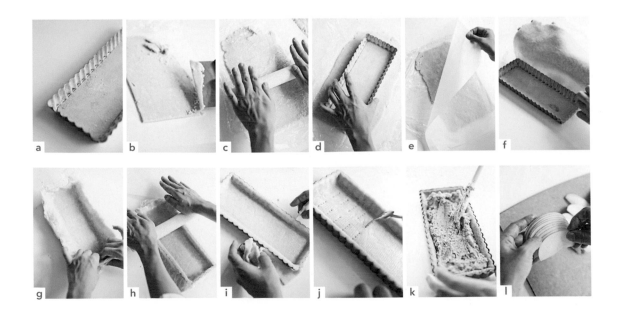

a　b　c　d　e　f

g　h　i　j　k　l

德式聖誕麵包

每年接近年末時，全體員工會一起製作數百條德式聖誕麵包。
水果乾材料要從 2 個月前就開始慢慢地泡在蘭姆酒中。
雖然正宗的德式聖誕麵包會在最後的步驟泡入奶油海中，
但「檸檬與駱駝」的德式聖誕麵包的特徵是裹上了滿滿的、揮發完酒精的蘭姆酒。
甜度較低、麵團的鮮味很重，所以也很常聽到人說「回過神來竟然吃完了一半！」。
製作完成後經過 2 周左右的滋味最佳。

材料（10×16cm 的德式聖誕麵包 2 個份）

A｜ 高筋麵粉…140g
　　高筋全麥麵粉…60g
　　杏仁粉…60g
　　甜菜糖（粉末狀）…30g
　　肉桂粉…2g

B｜ 豆漿…80g
　　菜籽油…30g
　　鹽麴…10g

溫水…12.5g
乾酵母（參照 p.78）…5g
椰子油（液體／參照 p.8）…20g

C｜ 葡萄乾…40g
　　蔓越莓…40g
　　無花果乾（參照 p.35）…40g
　　橙皮（參照 p.40）…20g

核桃…75g
蘭姆酒（參照 p.69）…160g
甜菜糖粉（參照 p.15）…120g

事前準備

- 將無花果切成 4 等分。
- 在製作日的前一天準備 C 的水果乾。
　裝入殺菌過的玻璃瓶中，倒入完全沒過材料的蘭姆酒（份量外）並蓋上蓋子（放在陰涼處保存）。隔天之後就可以使用，但想要更加入味的話，要在冰箱中放 2 個月左右再用。

作法

1 將乾酵母灑入食譜份量的溫水中，輕輕攪拌一下，放置 10 分鐘左右（a）。

2 把 A 加在一起過篩，用打蛋器大略攪拌（b），中央做成一個凹洞。

3 將 B 加入調理盆，用打蛋器充分攪拌。

4 在步驟 2 中一次性加入步驟 1、3（c），用橡膠刮刀攪拌（d）。攪拌到沒有殘粉之後改用手（e），整理成團。取出放在作業台上，搓揉 10 分鐘左右（f,g）。

5 加入椰子油（h,i），再搓揉 5 分鐘左右，揉成乾淨且光滑的麵團後，滾圓（j）。

6 把瀝乾水的 C 放入調理盆，加入核桃並攪拌（k）。

7 將步驟 6 均勻拌入麵團，分成 3 次加入。將步驟 5 的麵團擀平，在上方放 1/3 份量的步驟 6（l）。

⇒接續 p.78

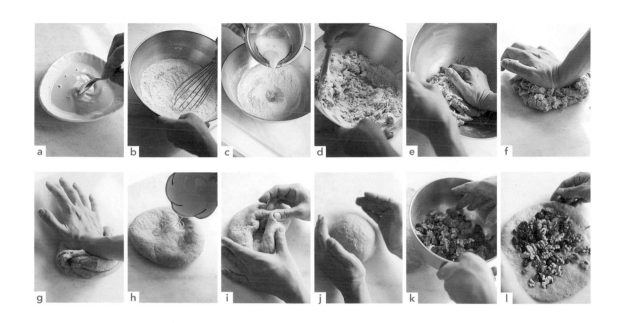

a　b　c　d　e　f

g　h　i　j　k　l

8 橫向折成 3 折（m），再次擀平（n），放上 1/3 的量。這次垂直折成 3 折（o）、擀平（p），放上最後 1/3 的量，橫向折成 3 折後滾圓（q,r）。

9 在調理盆中加入步驟 8 的麵團後蓋上保鮮膜，放在常溫 30 分鐘左右進行基本發酵，直到麵團變成約 1.2 倍大。

10 用刮板將步驟 9 切成一半，用手輕輕整理成海參狀，用擀麵棍擀成約 18×13cm 的橢圓形（s）。用刮板鏟起右半邊並折疊（t），用手指捏牢固定麵團連接處（u），放在鋪好烘焙紙的烤盤上。

11 準備好可以完整放入烤盤的大塑膠袋和熱水（200mℓ 左右）。把放了步驟 10 的烤盤放入塑膠袋中，在旁邊放一個倒好熱水的杯子，輕輕固定袋口。放置 40 分鐘左右，進行中間發酵直到麵團變軟（也可以用烤箱的發酵功能，設定 38℃發酵 40 分鐘）（v）。

12 從袋中取出的步驟 11 放入預熱至 210℃的烤箱，烤 10 分鐘。將溫度調低至 170℃，再烤 20 分鐘。

13 在小鍋中倒入蘭姆酒並開火，讓酒精揮發，持續煮到重量變 120g 為止。

14 將步驟 12 從烤箱中取出，趁熱用刷子從裡到外均勻塗抹蘭姆酒（w）。移到調理盤上，用濾茶網均勻灑滿一半份量的糖粉（x）。直接放在調理盤上冷卻，散熱之後蓋上保鮮膜，放置一晚。

15 隔天再次用濾茶網灑滿剩下的糖粉。
　　⇒包上保鮮膜，放進附夾鏈的保鮮袋中常溫保存。
　　經過 1 週左右就可以吃。

乾酵母
我使用「sala 秋田白神」的「白神小玉乾酵母」。沒有商業酵母的特性，是非常容易使用的酵母。

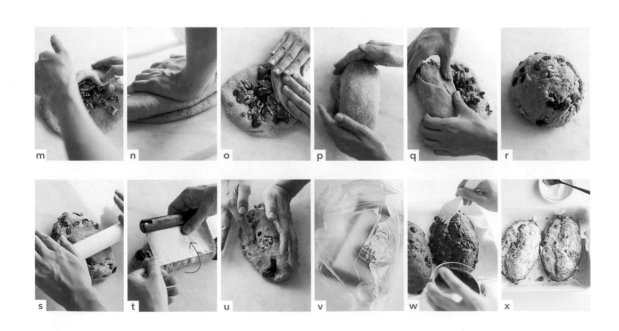

Column 3　有關各式烤模與工具

　　這裡要介紹我愛用的工具類。點心的烤模（**a**）~（**c**）大部分是可以輕易在網路通路買到的模具，不過其中像是「胡蘿蔔香料蛋糕」（p.66）使用布丁杯、「蘋果塔」（p.74）嘗試用方形塔模取代圓形，我會考慮自己喜歡的尺寸大小來選擇。

　　在篩網狀的玻璃纖維上有矽膠塗層的烤盤墊「洞洞烤墊」（**d**），用於烤容易沾黏、用了椰子油的餅乾麵團的時候。「下島」的烘焙紙「雙面矽膠樹脂加工耐油紙」（**e**），我買 30cm 寬的偏大款。在擀麵團時運用，還有在烤使用「洞洞烤墊」以外的點心時我會鋪這個。刮板則是用「GastroMax」（**f**）。很薄且有彈性，使用用途很廣，像剝下點心、整理斷面、切麵團等。

　　擀麵棍則用「sunrich」的 24cm 擀麵棍（**g**）。表面凹凸，所以擀在麵團上時也很可愛，特徵是從上方擀鋪了保鮮膜的麵團，也不容易滑動。尺（**h**）的用途是為了讓餅乾厚度一致，務必要先準備好的工具。也能當作整型時的麵團刮板，流暢的作業流程中不可缺少。我使用價格實惠、容易清洗的壓克力製尺。如果麵團很厚則會重疊使用。

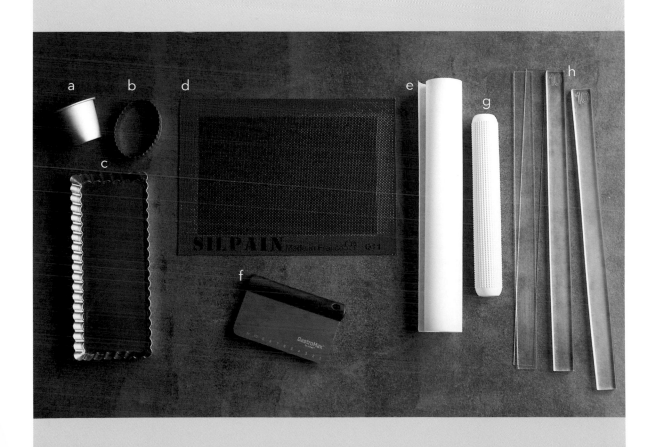

PROFILE

兼子有希

經營「檸檬與駱駝」工作室。來自靜岡縣。在經營民宿的家中出生，在擅長料理的祖母與母親呵護中成長，生活環境是在豐富的大自然和季節性材料的圍繞之下。18歲前往東京，當過上班族，2013年出發環遊世界一周的旅行。回國後，領悟到發酵調味料的魅力，從2015年2月開始以發酵廚師的身分，進行用自製天然米麴與保存食製作料理和點心的活動。以靜岡縣藤枝市岡部為據點，一邊從事外燴、到府料理、活動擺攤，一邊販售發酵點心。深層的美味、造型美麗且猜不出是純素的點心引起話題。於藤枝市「家庭民宿朝比奈」中開設「檸檬與駱駝」的工作室兼商店。
HP:https://www.lemonandcamel.com/

TITLE

迷人的發酵甜點

STAFF		ORIGINAL JAPANESE EDITION STAFF	
出版	瑞昇文化事業股份有限公司	発行人	濱田勝宏
作者	兼子有希	ブックデザイン	福間優子
譯者	涂雪靖	撮影	大森忠明
		スタイリング	兼子有希
創辦人 / 董事長	駱東墻	調理アシスタント	杉田 歩、渡辺真理、佐藤沙佑里
CEO / 行銷	陳冠偉	描き文字	hase
總編輯	郭湘齡	DTP制作	天龍社
文字編輯	張聿雯　徐承義	校閲	山脇節子
美術編輯	謝彥如	編集	田中のり子
校對編輯	于忠勤		田中 薫（文化出版局）
國際版權	駱念德　張聿雯		
排版	曾兆珩		
製版	印研科技有限公司		
印刷	龍岡數位文化股份有限公司		
法律顧問	立勤國際法律事務所　黃沛聲律師		
戶名	瑞昇文化事業股份有限公司		
劃撥帳號	19598343		
地址	新北市中和區景平路464巷2弄1-4號		
電話	(02)2945-3191		
傳真	(02)2945-3190		
網址	www.rising-books.com.tw		
Mail	deepblue@rising-books.com.tw		
初版日期	2023年7月		
定價	360元		

國家圖書館出版品預行編目資料

迷人的發酵甜點/兼子有希作；涂雪靖
譯. -- 初版. -- 新北市：瑞昇文化事業股
份有限公司, 2023.07
80面；18.5X 25.7公分
ISBN 978-986-401-641-9(平裝)

1.CST: 點心食譜

427.16　　　　　　　　112008320